高等职业教育测绘地理信息类规划教材

地理空间数据库技术应用

主　编　成国立　黄　诚　刘鹏飞
副主编　周　宁　张永霞　韦慕兰
参　编　卢俊寰　唐可琴　马　娇　黄敏慧
　　　　卢艳萍　周名川　文　明

 武汉大学出版社

图书在版编目(CIP)数据

地理空间数据库技术应用 / 成国立, 黄诚, 刘鹏飞主编. -- 武汉：武汉大学出版社, 2025.3. -- 高等职业教育测绘地理信息类规划教材. ISBN 978-7-307-24462-7

Ⅰ.P208.2

中国国家版本馆CIP数据核字第2024EG2616号

责任编辑：鲍　玲　　责任校对：杨　欢　　版式设计：马　佳

出版发行：武汉大学出版社　　（430072　武昌　珞珈山）

（电子邮箱：cbs22@whu.edu.cn　网址：www.wdp.com.cn）

印刷：武汉图物印刷有限公司

开本：787×1092　1/16　印张：11.25　字数：268千字　插页：1

版次：2025年3月第1版　　2025年3月第1次印刷

ISBN 978-7-307-24462-7　　定价：38.00元

版权所有，不得翻印；凡购我社的图书，如有质量问题，请与当地图书销售部门联系调换。

前 言

在当今信息化、数字化的时代,地理空间数据作为一种重要的信息资源,其应用已经渗透到人们生活的方方面面。从城市规划、环境保护到交通管理,从自然资源监测到灾害预警,地理空间数据的应用越来越广泛,对空间数据库技术的需求也日益增长。空间数据库,作为地理信息系统的重要组成部分,面向地理空间数据的存储、管理、查询和分析需求,融合了地理、测绘、遥感、计算机等多个学科的知识,为各领域提供了强大的数据支持和服务。本教材旨在帮助读者全面理解空间数据库的基本概念、原理和方法,掌握空间数据模型、空间数据库管理系统、空间索引等核心技术,培养读者解决实际问题的能力。

本教材在编写过程中,注重理论与实践相结合,既深入剖析空间数据库的理论体系,又通过丰富的案例和实践操作,使读者能够真正掌握和应用所学知识。同时,本书还关注空间数据库技术的最新发展,引入了一些前沿的研究成果和应用案例,帮助读者了解空间数据库技术的最新动态和趋势。

通过学习本教材,读者将达到以下学习目标:

(1)掌握空间数据库的基本概念、原理和方法,了解空间数据的特点和应用领域;

(2)熟悉空间数据模型、空间数据库管理系统、空间索引等核心技术,能够进行空间数据的存储、查询和分析;

(3)了解空间数据库技术的最新发展和应用趋势,具备创新意识和实践能力;

(4)能够将空间数据库技术应用于实际问题的解决中,为地理信息系统领域的发展作出贡献。

本教材为校企合作协同开发教材,由广西自然资源职业技术学院和南宁市自然资源测绘科技有限公司、广州南方测绘科技股份有限公司、广西壮族自治区遥感中心共同完成。广西自然资源职业技术学院成国立、黄诚、刘鹏飞高级工程师担任主编,由广西自然资源职业技术学院周宁、张永霞、韦慕兰担任副主编,参编者有广西自然资源职业技术学院卢俊寰、唐可琴、马娇、黄敏慧;其他单位人员有卢艳萍(南宁市自然资源测绘科技有限公司)、周名川(广州南方测绘科技股份有限公司)、文明(广西壮族自治区遥感中心)。具体分工为:成国立负责全书结构策划及第1至3章的编写;黄诚负责编写、审校、统稿第4章的内容;刘鹏飞负责编写、审校第5、6章内容;周宁、张永霞、韦慕兰负责本教材的审校与修改工作,卢俊寰、唐可琴、马娇、黄敏慧、卢艳萍、周名川、文明负责提供本教材的参考资料、相关素材、实际应用案例以及行业数据。

前言

本教材在编写过程中得到单位领导和同仁的热情帮助和支持，同时参考了广大同行专家的著作和成果，在此表示衷心的感谢！由于时间仓促，加之作者水平有限，书中难免有疏漏和不足之处，恳请同行专家和广大读者批评指正。

编　者

2024 年 5 月

目　　录

第1章　数据库基础知识 ·· 1
1.1　数据库概述 ·· 1
1.1.1　数据 ·· 1
1.1.2　数据库 ·· 1
1.2　数据库管理系统 ·· 2
1.3　数据库系统 ·· 3
1.4　关系数据库 ·· 4
1.4.1　关系数据库概述 ·· 4
1.4.2　关系模型概述 ·· 6
1.5　关系数据库标准语言 SQL ·· 6
1.5.1　SQL 基本知识 ··· 6
1.5.2　数据定义命令 ·· 8
1.5.3　数据查询语言 ·· 10
1.5.4　数据更新语言 ·· 16

第2章　空间数据库 ·· 19
2.1　空间数据 ·· 19
2.1.1　空间数据的相关概念 ·· 19
2.1.2　空间数据源 ·· 20
2.1.3　空间数据的采集方式 ·· 22
2.1.4　空间数据结构 ·· 23
2.1.5　空间数据的组织与管理 ·· 25
2.2　空间数据库概述 ·· 27
2.2.1　空间数据库基本概念 ·· 27
2.2.2　空间数据库的发展现状 ·· 28
2.2.3　空间数据库与传统数据库的比较 ································ 28
2.3　空间数据模型 ·· 29
2.3.1　面向对象的数据模型 ·· 29
2.3.2　Geodatabase 数据模型 ··· 30
2.4　空间数据格式 ·· 32

第3章 空间数据库设计 ………………………………………………………… 34
3.1 空间数据库设计概述 …………………………………………………… 34
3.1.1 数据库设计内容 …………………………………………………… 34
3.1.2 数据库设计的特点 ………………………………………………… 34
3.1.3 数据库设计的步骤 ………………………………………………… 35
3.2 空间数据库设计 ………………………………………………………… 36
3.2.1 需求分析 …………………………………………………………… 36
3.2.2 概念结构设计 ……………………………………………………… 37
3.2.3 逻辑结构设计 ……………………………………………………… 43
3.2.4 物理结构设计 ……………………………………………………… 46
3.2.5 数据库的实施和维护 ……………………………………………… 47
3.3 空间数据库设计实验案例——以陕西基础地理信息数据库为例 …… 49
3.3.1 概念模型的建立 …………………………………………………… 49
3.3.2 逻辑设计 …………………………………………………………… 51
3.3.3 物理设计 …………………………………………………………… 52

第4章 空间数据库建立与维护 ……………………………………………… 54
4.1 空间数据库建设内容 …………………………………………………… 54
4.2 空间数据库建库流程 …………………………………………………… 55
4.2.1 空间数据库建库总体流程 ………………………………………… 55
4.2.2 常见的空间数据库建库 …………………………………………… 56
4.3 空间数据采集与处理 …………………………………………………… 57
4.3.1 空间数据预处理 …………………………………………………… 57
4.3.2 空间数据采集与编辑 ……………………………………………… 70
4.3.3 拓扑检查及编辑 …………………………………………………… 86
4.3.4 数据转换 …………………………………………………………… 92
4.4 空间数据入库 …………………………………………………………… 98
4.4.1 矢量数据入库 ……………………………………………………… 98
4.4.2 栅格数据组织与管理 ……………………………………………… 102
4.5 空间数据库更新与维护 ………………………………………………… 104
4.5.1 矢量数据更新 ……………………………………………………… 104
4.5.2 属性数据更新 ……………………………………………………… 106
4.6 空间数据库建库实验案例 ……………………………………………… 110
4.6.1 数据预处理 ………………………………………………………… 111
4.6.2 拓扑检查 …………………………………………………………… 114
4.6.3 空间数据库建库和入库 …………………………………………… 116
4.6.4 矢量数据属性检查 ………………………………………………… 123

第5章 空间数据质量分析与评价 ····· 125
5.1 空间数据质量检查 ····· 125
5.1.1 空间数据质量 ····· 125
5.1.2 空间数据误差分析 ····· 126
5.1.3 空间数据质量控制 ····· 127
5.2 空间数据质量评价 ····· 137
5.2.1 空间数据质量评价原则 ····· 137
5.2.2 现有的空间数据质量评价方法 ····· 138

第6章 空间数据库的应用 ····· 141
6.1 空间数据查询与统计 ····· 141
6.1.1 矢量数据查询 ····· 141
6.1.2 栅格数据查询与分析 ····· 146
6.1.3 空间数据统计 ····· 153
6.2 空间数据可视化表达 ····· 157
6.2.1 数据符号化 ····· 158
6.2.2 专题地图编制 ····· 165

参考文献 ····· 171

第 1 章　数据库基础知识

数据库技术产生于 20 世纪 60 年代末，是进行数据管理的有效技术，也是计算机科学的重要分支。数据库技术是信息系统的核心和基础，它的出现极大地促进了计算机应用向各行各业渗透。在信息化程度高度发达的今天，数据库已经成为人们生活中不可缺少的组成部分，人们日常生活的方方面面均和数据库有着不可分割的联系。

1.1　数据库概述

1.1.1　数据

数据是指人们为反映客观世界而记录下来的可以鉴别的数字、字母或符号，可以存储在某一种介质上。数据的概念包括两方面的含义：一是描述事物特性的数据内容；二是存储在某一种介质上的数据形式。现在数据已经有了更广泛的含义，除了数字、字母、文字和其他特殊字符组成的文本形式数据，图形、图像、动画、影像、声音（包括语音、音乐）等多媒体数据也已经成为数据的新型表达形式。

信息，是音讯、消息、通信系统传输和处理的对象，泛指人类社会传播的一切内容。数学家香农（Shannon）认为"信息是用来消除随机不确定性的东西"。数据和信息的关系可以描述为：数据是承载信息的物理符号或载体，而信息是数据的内涵。用一定的符号可以表示信息，而符号是多种多样的，采用什么符号完全是人为规定的。同一信息可以有不同的数据表示方式，而同一数据也可以有不同的解释。例如数字"10"当后面跟上不同的单位即可表达不同的信息，10cm 可度量距离，10 吨可描述重量。

1.1.2　数据库

在社会飞速发展的今天，人们需要处理的数据量急剧增加，过去的传统管理已经远远不能满足人们对于信息使用的需求，利用计算机软件技术来存储和处理庞大而复杂的数据集，正是数据库技术出现的原因。

数据库是指长期存储在计算机内，有组织、可共享、可以表现为多种形式的数据集合。数据库具有以下特点：

1. 数据结构化

数据库系统实现了整体数据的结构化，这是数据库最主要的特征之一。数据库中的数据不再仅针对某个应用，而是面向全局；不仅数据内部是结构化，而且整体也是结构化，数据之间有联系。

2. 数据的共享性高，冗余度低，易扩充

因为数据是面向整体的，所以数据可以被多个用户、多个应用程序共享使用，这可以大大减少数据冗余，节约存储空间，避免数据之间的不相容性与不一致性。

3. 数据独立性高

数据独立性包括数据的物理独立性和逻辑独立性。物理独立性是指数据在磁盘上的存储方式是由 DBMS 管理的，用户程序不需要了解，应用程序要处理的只是数据的逻辑结构，这样一来当数据的物理存储结构发生改变时，用户的程序不用改变。逻辑独立性是指用户的应用程序与数据库的逻辑结构是相互独立的，也就是说，数据的逻辑结构改变了，用户程序也可以不改变。数据与程序的独立，把数据定义从程序中分离出去，加上存取数据是由 DBMS 负责提供，从而简化了应用程序的编制，大大减少了应用程序的维护和修改。

4. 数据由 DBMS 统一管理和控制

数据库的共享是并发的(concurrency)共享，即多个用户可以同时存取数据库中的数据，甚至可以同时存取数据库中的同一个数据。DBMS 必须提供以下几方面的数据控制功能：数据的安全性(security)保护、数据的完整性(integrity)检查、数据库的并发访问控制(concurrency)、数据库的故障恢复(recovery)。

1.2 数据库管理系统

数据库管理系统(data base management system)是一种操纵和管理数据库的大型软件，用于建立、使用和维护数据库，简称 DBMS。它对数据库进行统一的管理和控制，以保证数据库的安全性和完整性。

数据库管理系统是一个能够提供数据录入、修改、查询的数据操作软件，具有数据定义、数据操作、数据存储与管理、数据维护、通信等功能，且能够允许多用户使用。

数据库管理系统的主要功能包括以下几个方面：

(1) 数据定义功能。提供数据定义语言(data definition language，DDL)，用户通过它可以方便地对数据库中的数据对象进行定义，例如对数据库、表、索引进行定义。

(2) 数据操作功能。提供数据操作语言(data manipulation language，DML)，用户通过它可以实现对数据库的基本操作，例如对表中数据的查询、插入、删除和修改等。在微机数据库管理系统中，DDL 和 DML 通常合二为一，构成一体化的语言。

(3) 数据库运行控制功能。包括并发控制(即处理多个用户同时使用某些数据时可能产生的问题)、安全性检查、完整性约束条件的检查和执行、数据库的内部维护(如索引的自动维护)等。这是数据库管理系统的核心部分。数据库在建立、运用和维护时所有操作都要由这些控制程序统一管理、统一控制，以保证数据的安全性、完整性、多用户对数据的并发使用及发生故障后的系统恢复。

(4) 数据库的建立和维护功能。包括数据库初始数据的输入、转换功能，数据库的转储恢复功能，数据库的重新组织功能和性能监视、分析功能等。这些功能通常是由一些实用程序完成的。它是数据库管理系统的一个重要组成部分。

DBMS 的特点：

(1) 数据结构化且统一管理。由 DBMS 统一管理的优点是数据易维护，易扩展，数据冗余明显减少，真正实现了数据的共享。

(2) 有较高的数据独立性。数据库的独立性包括数据的物理独立性和数据的逻辑独立性。

(3) 具有数据控制功能。数据库的控制功能包括对数据库中数据的安全性、完整性、并发和恢复的控制。

1.3 数据库系统

数据库系统由支持数据库运行的硬件、软件、数据库、数据库管理系统、数据库管理员和用户等部分组成。

(1) 硬件与软件。与数据库系统建立与运行密切相关的硬件主要有 CPU、存储设备、网络设备等，要求系统有较高的 I/O 吞吐能力，以提高数据传输效率。数据库系统的软件主要包括 DBMS，支持 DBMS 运行的操作系统，具有数据库接口的编程语言及其编译器，以 DBMS 为核心的应用开发工具，以及为特定应用环境开发的数据库应用系统。

(2) 数据库管理系统

数据库管理系统(DBMS)是一系列软件的集合，它以统一的方式管理、维护数据库中的数据，提供数据定义、数据操纵、数据存储、数据安全和数据完整性等功能。

(3) 数据库(Database)是一个长期存储在计算机内、有组织、可共享、统一管理的数据集合。它通过特定的数据模型(如关系模型、层次模型、网状模型等)来组织数据，并支持数据的增删改查操作。数据库是数据库系统的核心组成部分，它与数据库管理系统(DBMS)、硬件平台、数据库管理员(DBA)和用户共同构成完整的数据库系统。数据库管理系统(DBMS)负责管理数据库，而数据库则是实际存储数据的容器。

(4) 数据库管理员(Data base Administrator, DBA)，即负责建立、维护和管理数据库系统的人员。具体职责包括决定数据库中的信息内容和结构，决定数据库的存储结构和存取策略，定义数据的安全性要求和完整性约束条件，监控数据库的使用、运行，以及进行数据库的改进、重组重构。大型数据库通常由专业人员设计，还要有专职的数据库管理员进行管理。

(5) 用户。数据库的用户包括数据库维护管理人员、数据加工与提供人员、授权用户和其他内部用户。数据库维护管理人员的工作主要包括对数据库日常系统运行的维护管理、数据库的更新、数据库的备份、数据库用户管理、用户权限管理等；数据加工与提供人员的工作主要是根据数据服务订单对数据库进行数据提取和加工操作，提供数据服务；授权用户和其他内部用户是在数据库授权的情况下对数据库进行浏览、查询等操作的人员。

1.4 关系数据库

1.4.1 关系数据库概述

关系数据库是采用关系模型作为数据组织方式的数据库。关系数据库的特点在于它将每个具有相同属性的数据独立地存储在一个表中。对任一表而言，用户可以新增、删除和修改表中的数据，而不会影响表中的其他数据。

关系数据库的层次结构可以分为四级：数据库(database)、表(table)与视图、记录(record)、字段(field)，相应的关系理论中的术语是数据库、关系、元组和属性，分别说明如下：

1. 数据库

关系数据库可按其数据存储方式以及用户访问的方式分为本地数据库和远程数据库两种类型。

(1)本地数据库：本地数据库存储在本机驱动器或局域网中，如果多个用户并发访问数据库，则采取基于文件的锁定(防止冲突)策略。因此，本地数据库又称为基于文件的数据库。典型的本地数据库有 Paradox、dBASE、FoxPro 以及 Access 等。基于本地数据库的应用程序称为单层应用程序，因为数据库和应用程序同处于一个文件系统中。

(2)远程数据库：远程数据库通常存储于其他机器中，用户通过结构化查询语言(SQL)访问其数据。此类数据库通常被称为关系型数据库管理系统(RDBMS)，如 MySQL、PostgreSQL 等。提供 SQL 服务的系统(如 Microsoft SQL Server)通常被称为数据库服务器。某些数据库系统(如分布式数据库)会将数据分散存储在多台服务器上，以实现高可用性或负载均衡，这与仅通过远程访问的单机数据库形成对比。常见的关系型数据库管理系统包括 InterBase、Oracle、Sybase、Informix、Microsoft SQL Server 及 IBM DB2 等。基于数据库服务器的应用程序通常采用两层或多层架构：两层架构中，客户端直接与数据库交互(如桌面应用连接数据库)；多层架构则引入中间层(如 Web 服务或业务逻辑组件)，使数据库与应用程序部署在独立的系统中，虽物理分离但仍需协同工作以完成数据操作。

本地数据库与 SQL 服务器相比，前者访问速度快，但后者的数据存储容量要大得多，且适合多个用户并发访问。数据存储采用本地数据库还是 SQL 服务器，取决于多方面因素，如要存储和处理的数据多少，并发访问数据库的用户个数，对数据库的性能要求等。

2. 表

关系数据库的基本组成是一些存放数据的表(关系理论中称为"关系")。数据库中的表从逻辑结构上看较为简单，它是由若干行和列简单交叉形成的，不能表中套表。它要求表中每个单元都只包含一个数据，可以是字符串、数字、货币值、逻辑值、时间等较简单的数据。一般数据库中无法存储 C++语言中的结构类型、类对象。图像的存储也比较繁琐，很多数据库无法实现图像存储。

对于不同的数据库系统来说，数据库对应物理文件的映射是不同的。例如，在 dBASE、FoxPro、Paradox 数据库中，一个表就是一个文件，索引以及其他一些数据库元素也都存储在各自的文件中，这些文件通常位于同一个目录中。而在 Access 数据库中，所有的表以及其他成分都存储在一个文件中。

3. 视图

为了方便地使用数据库，很多 DBMS 都提供对于视图（Access 中称为查询）结构的支持。视图是基于特定条件从一个或多个基表（实际存储数据的表）或其他视图中导出的虚拟表，数据库中仅存储视图的定义，而实际数据仍然保存在基表中。因此，当基表中数据有所变化时，视图中的数据也随之变化。为什么要定义视图呢？首先，用户在视图中看到的是按自身需求提取的数据，使用方便。其次，当用户有了新的需求时，只需定义相应的视图（增加外模式）而不必修改现有应用程序，这既扩展了应用的功能范围，还保证了逻辑数据的独立性。另外，一般来说，用户看到的数据只是全部数据中的一部分，这也为系统提供了一定的安全保护。

4. 记录

在数据库中，记录（也称为元组）是表中的一行数据，用于描述某一类事物中的一个具体实例。例如，一个雇员记录可能包含雇员的编号、姓名、工资等信息；而一次商品交易的记录可能包括订单编号、商品名称、客户名称、单价、数量等数据。每个记录由多个数据项（即字段）组成，这些字段的结构由表的标题（也称为关系模式）定义。例如，表的标题可能规定了每个记录必须包含"雇员编号""姓名"和"工资"三个字段。

多个记录的集合构成了表的内容，表的行数被称为表的基数。基数反映了表中记录的数量，是一个动态变化的数值。值得注意的是，表名和表的标题（即表的结构）通常是相对固定的，除非对表的结构进行显式修改；而表中记录的数量则会随着数据的插入、删除或更新而频繁变化。

5. 字段

在数据库中，字段（也称为列）是表中的一个基本组成部分，用于表示表所描述对象的某一属性。例如，在一个产品表中，字段可能包括"产品名称""单价""订购量"等。每个字段都有一组描述信息，包括字段名、数据类型、数据宽度（占用的字节数），以及数值型字段的小数位数等。这些信息共同定义了字段的结构和约束条件。由于每个字段存储的是数据类型相同的一组数据，因此字段名可以被视为一种多值变量，它代表了一组具有相同属性的数据值。字段是数据库操作的最小单位，对数据的增删改查通常以字段为基本操作对象。在定义表时，需要为每个字段指定其字段名、数据类型及宽度（占用的字节数）。表中每个字段只能接受其定义的数据类型，这种约束确保了数据的一致性和完整性。例如，定义为"日期型"的字段不能存储非日期格式的数据，而定义为"整数型"的字段则不能存储小数。

1.4.2 关系模型概述

关系模型是建立在数学概念上的，与层次模型、网状模型相比，关系模型是一种最重要的数据模型。它主要由关系数据结构、关系操作集合、关系完整性约束三部分组成。实际上，关系模型可以理解为用二维表格结构来表示实体及实体之间联系的模型，表格的列表示关系的属性，表格的行表示关系中的元组。

关系数据模型的常用操作有选择（select）、投影（project）、连接（join）、除（divide）、并（union）、交（intersection）、差（difference）等查询（query）操作。另外，还有增加（insert）、删除（delete）、修改（update）等操作。关系操作的特点是集合操作方式，即操作的对象和结果都是集合。

关系数据语言是一种高度非过程化的语言，用户不必知道具体的操作路径，存取路径的选择由 DBMS 的优化机制完成。主要包括关系代数语言、关系演算语言和 SQL 语言（关系数据库的标准语言）。

关系模型允许定义三类完整性约束：实体完整性、参照完整性和用户定义的完整性。实体完整性和参照完整性是关系模型必须满足的完整性约束条件；用户定义的完整性是应用领域需要遵循的约束条件。

1.5 关系数据库标准语言 SQL

结构化查询语言（Structured Query Language，SQL），是 1974 年 IBM 圣约瑟实验室的 Boyce 和 Chamberlain 为关系数据库管理系统 System R 设计的一种查询语言，是一种关系数据库语言，当时称为 SEQUEL 语言（structured english query language），后简称为 SQL。

1.5.1 SQL 基本知识

1. SQL 的特点

SQL 是一种广泛应用于关系数据库的语言，它具有综合统一、功能强大、简洁易学的特点，是目前的国际标准数据库语言。SQL 主要具有如下特点：

(1) 综合统一。SQL 语言提供数据的定义、查询、更新和控制等功能，集数据定义、数据查询、数据更新和数据控制等功能于一体，语言风格统一、功能全面，能够完成各种数据库操作。

(2) 高度非过程化。用户无须了解底层实现细节，存取路径的选择及操作过程由数据库管理系统自动优化和执行。

(3) 面向集合的操作方式。SQL 语言采用集合操作方式，不仅操作对象、查找结果可以是元组的集合，而且一次插入、删除、更新操作的对象也可以是元组的集合。

(4) 以同一种语法结构提供两种使用方式：一种是自含式语言，以独立交互式使用；另一种是嵌入式语言，主要嵌入其他高级语言中使用。

(5)非应用程序开发语言。SQL 语言主要用于数据库操作,而不是一个全功能的应用程序开发语言。它不提供屏幕控制、菜单管理、报表生成等功能,而是专注于数据的存储、检索和管理。

(6)书写简单、易学易用。SQL 语言的语法结构简洁明了,接近自然语言,易于学习和使用。

2. SQL 的组成

(1)数据定义语言(data definition language,DDL)。创建、修改或删除数据库中各种对象,包括数据库、表、视图以及索引等。

(2)数据操作语言(data manipulation language,DML)。对已经存在的数据库进行记录的插入、删除、修改等操作,可以分为数据查询和数据更新两大类。

(3)数据控制语言(data control language,DCL)。用来授予或收回访问数据库的某种特权,控制数据操作事务的发生时间及效果,对数据库进行监视,包括对表和视图的授权、完整性规则的描述、并发控制、事务控制等。

3. SQL 数据库体系结构及其基本概念

SQL 数据库的体系结构如图 1.5.1 所示。

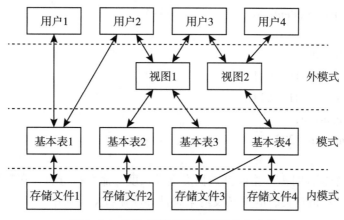

图 1.5.1 SQL 对数据库体系结构的支持

SQL 语言支持关系数据库三级模式结构,即外模式、模式和内模式。外模式对应于视图(view)和部分基本表(base table),模式对应于基本表,内模式对应于存储文件。

基本表是独立存在的表,SQL 中一个关系对应一个基本表。一个或多个基本表对应一个存储文件,一个表可以带若干索引,索引也存放在存储文件中。

视图是从一个或几个基本表导出的表。它本身不独立存储于数据库中,在数据库中只存放视图的定义而不存放视图对应的数据,这些数据仍存放在导出视图的基本表中,因此视图是一个虚表。用户可以在视图上再定义视图。

1.5.2 数据定义命令

SQL 语言的数据定义命令用于定义表(CREATE TABLE)、定义视图(CREATE VIEW)和定义索引(CREATE INDEX)等。

1. 定义基本表

使用 SQL 语言定义基本表的语句格式如下：
CREATE TABLE <表名>
(<列名><数据类型>[列级完整性约束条件]
[，<列名><数据类型>[列级完整性约束条件]]…
[，<表级完整性约束条件>]);
在实际操作中，建表的同时还会定义与该表有关的完整性约束条件，如果完整性约束条件涉及该表的多个属性列，则必须定义在表级上，否则既可以定义在列级，也可以定义在表级。

例：以建立一个"学生信息"表 Studentinfo 为例来说明，它由学号(ID)、姓名(name)、性别(gender)、生日(birthday)、所在院系(department)五个属性组成。其中，学号不能为空，且值是唯一的，并且姓名取值也是唯一的。
CREATE TABLE Studentinfo
(
 ID char(10)NOT NULL,
 name char(10)NOT NULL,
 gender char(2)NOT NULL,
 birthday datetime,
 department char (20)
)
定义表的各个属性时需要指明其数据类型及长度。命令执行后，在数据库中建立一个空表 Studentinfo，并将有关表的定义及约束条件存放在数据字典中。

2. 修改基本表

使用 SQL 语言修改基本表的语句格式如下：
ALTER TABLE <表名>
[ADD<新列名> V 数据类型>[完整性约束]]
[DROP <完整性约束名>]
[MODIFY <列名><数据类型>];
<表名>：指要修改的基本表。
ADD：增加新列和新的完整性约束条件。
DROP：删除指定的完整性约束体条件。
MODIFY：用于修改原有列的定义。

例：向 Studentinfo 表增加"联系电话"列，其数据类型为字符型。
ALTER TABLE Studentinfo
ADD tel char(20);
注意新增加的列，其值为空值。

3. 删除基本表

使用 SQL 语言删除基本表的语句格式如下：
DROP TABLE <表名>
例：删除 Studentinfo 表。
DROP TABLE Studentinfo
在大部分数据库系统中，基本表的定义一旦被删除，表中的数据和在此表上建立的索引和视图将自动被删除。有些系统，如 Oracle，删除基本表后建立在此表上的视图定义仍将保留在数据字典中，但不能被引用。

4. 建立索引

索引是对数据库表中一个或多个列的值进行排序的结构。可以利用索引快速访问数据库表中的信息。

使用 SQL 语言建立索引的语句格式如下：
CREATE [UNIQUE] [CLUSTER] INDEX<索引名>
ON <表名>(<列名>[<次序>][,<列名>[<次序>]]…);
说明：
表名：将要建立索引的基本表的名字。索引可以建立在该表的一列或多列上，各列名之间用逗号分隔。
次序：指定索引值的排列次序，可选 ASC(升序)或 DESC(降序)，缺省值为 ASC。
UNIQUE：表明此索引的每一个索引值只对应唯一的数据记录。
CLUSTER：表示要建立的索引是聚簇索引。所谓聚簇索引是指索引项的顺序与表中记录的物理顺序一致的索引组织。在一个基本表上只能建立一个聚簇索引。
例：在学生基本情况表 Studentinfo 之上建立一个关于学生表的聚簇索引。索引文件名为 StuSname，索引建立在学号之上，按学号降序排序。

5. 删除索引

建立索引是为了提高查询速度，但随着索引的增多，在数据更新时，系统会花费很多时间来维护索引，因此可以及时删除不必要的索引。

使用 SQL 语言删除索引的语句格式如下：
DROP INDEX <索引名>
注意：该命令不能删除由 CREATE TABLE 或者 ALTER TABLE 命令创建的主键和唯一性约束索引，也不能删除系统表中的索引。
删除上一个例子中创建的 Studentinfo 表的 StuSname 索引：
DROP INDEX StuSname

1.5.3 数据查询语言

数据库查询是数据库的核心操作。SQL 提供了功能强大的 SELECT 语句，通过查询可以得到所需要的信息。

1. SELECT 语句的格式

SELECT［ALL ｜ DISTINCT］<目标列表达式>［，<目标列表达式>］…FROM <表名或视图名>［，表名或视图名］…
［WHERE<条件表达式>］
［GROUP BY <列名 1>［HAVING <条件表达式>］］
［ORDER BY <列名 2>［ASC ｜ DESC］］;

下面以学生-课程数据库为例进行说明。

学生-课程数据库中包含学生表、课程表和选课表，学生表描述学生的基本信息，课程表描述课程的基本信息，选课表描述学生选课情况的信息，各个表的结构如表 1.5.1、表 1.5.2 和表 1.5.3 所示，三个表中的列名情况如下：

Student(SID, Sname, Sgender, Sage, Sdepartment)
Course(CID, Cname, Cnature, credits)
Cselection(SID, CID, grades)

表 1.5.1　　　　　　　　　　　　学生表(Student)

列名	数据类型	长度	说明	备注
SID	char	10	学号	主键
Sname	char	20	姓名	
Sgender	char	10	性别	
Sage	int		年龄	
Sdepartment	char	20	院系	

表 1.5.2　　　　　　　　　　　　课程表(Course)

列名	数据类型	长度	说明	备注
CID	char	10	课程号	主键
Cname	char	20	课程名称	
Cnature	char	20	课程性质	
credits	Int		学分	

表 1.5.3　　　　　　　　　　　　　　选课表（Cselection）

列名	数据类型	长度	说明	备注
SID	char	10	学号	主键
CID	char	10	课程号	
grades	Int		成绩	

1）单表查询

(1) 选择表中的若干列。

例：查询全体学生的姓名、学号、所属院系。

SELECT Sname，SID，Sdepartment

FROM Student；

(2) 查询全部列。

例：查询全体学生的详细信息。

SELECT *

FROM Student；

该查询等价于

SELECT SID，Sname，Sgender，Sage，Sdepartment

FROM Student；

(3) 查询经过计算的值。

例：查询全体学生的姓名及其出生年份。

SELECT Sname，2022−Sage

FROM Student；

注意当前年份减去年龄，即得学生的出生年份，<目标列表达式>可以是算术表达式，还可以是字符串常量、函数等。

(4) 选择表中的若干元组。在选择操作的过程中，两个本来并不完全相同的元组，投影到指定的某些列上后，可能变成相同的行。如果想去掉表中相同的行，必须指定 DISTINCT 短语。

例：

SELECT credits

FROM Course；

可能得到重复的行。如果想去掉结果表中重复的行，指定 DISTINCT 短语即可，例如：

SELECT DISTINCT credits

FROM Course；

如果要查询满足一定条件的元组，可用 WHERE 子句实现。常用的查询条件如表1.5.4 所示。

表 1.5.4　　　　　　　　　　　　常用查询条件

查询条件	运算符	说明
比较	=, >, <, >=, <=, <>,!=,!>,!<, NOT+上述比较运算符	字符串比较从左向右进行
确定范围	BETWEEN AND, NOTBETWEEN AND	BETWEEN 后是下限，AND 后面是上限，并且包括边界值
确定集合	IN, NOT IN	检查一个属性值是否属于集合中的值
字符匹配	LIKE, NOT LIKE	用于构造条件表达式中的字符匹配
空值	IS NULL, IS NOT NULL	当属性值为空时，要用此运算符
逻辑运算	NOT, AND, OR	用于构造复合条件表达式

①比较大小。

例：查询所有年龄在 22 岁以下的学生姓名、学号及年龄。

SELECT Sname，SID，Sage

FROM Student

WHERE Sage<=22；

或者写成如下形式：

SELECT Sname，SID，Sage

FROM Student

WHERE NOT Sage >22；

②取定范围。用 BETWEEN…AND 和 NOT BETWEEN…AND 实现。

例：查询年龄在 20~23 岁(包括 20 岁和 23 岁)的学生的姓名、性别和所属院系。

SELECT Sname，gender，department

FROM Student

WHERE Sage BETWEEN 20 AND 23；

③确定集合。谓词 IN 用来查询属性值属于指定集合的元组。

例：查询既不是中文系、数学系，也不是计算机系的学生的姓名和性别。

SELECT Sname，gender

FROM Student

WHERE department NOT IN

('中文系','数学系','计算机系')；

④字符匹配。匹配查询用谓词 LIKE 实现。格式是 [NOT] LIKE'<匹配串>' [ESCEAPE'<换码字符>']，其含义是查找指定的属性列值与<匹配串>相匹配的元组。匹配串可以是一个完整的字符串，也可以有通配符%和_。

例：查询学号以 10 开头的所有学生的姓名和性别。

SELECT Sname，gender

FROM Student

WHERE SID LIKE '10%'；

⑤涉及空值的查询。

例：某些学生选修课程但未参加考试，所以存在选课记录，但无考试成绩，查询缺少成绩的学生的学号和相应的课程号。

SELECT SID，CID
FROM Cselections
WHERE grades IS NULL；

使用此语句应注意 IS 不能用等号(=)代替。

⑥多重条件查询。逻辑运算符 AND 和 OR 可用来连接多个查询条件，AND 的优先级高于 OR。

例：查询自然资源工程系年龄在 22 岁以下的学生姓名。

SELECT Sname
FROM Student
WHERE department='自然资源工程系'AND Sage<20；

(5)对查询结果排序。用 ORDER BY 子句对查询结果按照一个或多个属性列的升序(ASC)或降序(DESC)排列，缺省值为升序。

例：查询选修了 5 号课程的学生的学号及成绩，查询结果按分数的降序排列。

SELECT SID，grades
FROM Cseletction
WHERE CID='3'，
ORDER BY grades DESC；

例：查询全体学生的情况，查询结果按所属院系升序排列，同一院系中的学生按年龄降序排列。

SELECT *
FROM Student
ORDER BY department，Sage DESC；

(6)使用集函数。集函数主要有以下函数：

COUNT([DISTINCT ALL] *)统计元组个数。
COUNT([DISTINCT ALL] <列名>)统计一列中值的个数。
SUM([[DISTINCT ALL] <列名>])计算一列值的综合(此列必须是数值型)。
AVG([[DISTINCT ALL] <列名>])计算一列值的平均值(此列必须是数值型)。
MAX([[DISTINCT ALL] <列名>])计算一列值的最大值。
MIN([[DISTINCT ALL] <列名>])计算一列值的最小值。

说明：
DISTINCT：表示在计算时要取消指定列中的重复者。
ALL：缺省值，表示不取消重复值。

例：查询选修 3 号课程学生的最高分数。

SELECT MAX(grades)
FROM Cselection
WHERE CID=3；

(7) 对查询结果分组。用 GROUP BY 子句将查询结果按某一列或多列值分组,值相等的为一组。对查询结果分组的目的是细化集函数作用的对象。如果未对查询结果分组,集函数将作用于整个查询结果;若进行过分组,集函数将作用于每一个组,即每一组都有一个函数值。

例:求各个课程号及相应的选课人数。
SELECT CID, COUNT(SID)
FROM Cselection
GROUP BY CID;

例:查询选修了 3 门以上课程的学生学号。
SELECT SID
FROM Cselection
GROUP BY SID
HAVING COUNT(*) >3;

本例先用 GROUP BY 子句按 SID 分组,再用 COUNT 对每一组计数,HAVING 子句指定筛选条件,满足条件的组才会被选出来。

WHERE 子句与 HAVING 子句有如下区别:WHERE 子句作用于基本表或视图,选择满足条件的元组;HAVING 子句作用于组,从中选择满足条件的组。

2) 嵌套查询

SQL 语言中,一个 SELECT—FROM—WHERE 语句称为一个查询块,一个查询块嵌套在另一个查询块的 WHERE 子句或 HAVING 子句的条件中的查询称为嵌套查询。

例:
SELECT Sname
FROM Student
WHERE SID IN
SELECT SID
FROM Cselection
WHERE CID = '5';

上层的查询块称为外层查询(父查询)。下层的查询块称为内层查询(子查询)。需要注意的是,子查询的 SELECT 语句中不能使用 ORDER BY 子句。ORDER BY 子句只能用于对最终查询结果的排序。

嵌套查询的求解方法为由里(内层查询)向外(外层查询)处理。子查询的结果用于建立其父查询的查找条件。

(1) 带有 IN 谓词的子查询。

例:查询与"李磊"在同一个系学习的学生。
SELECT SID, Sname, department
FROM Student
WHERE department in
(SELECT department
FROM Student

WHERE Sname='李磊');

(2)带有比较运算符的子查询。

例：查询与"张强"在同一个系学习的学生。

SELECT SID, Sname, department
FROM Student
WHERE department = (SELECT department
FROM Student
WHERE Sname ='张强');

注意子查询必须跟在比较符之后。

(3)带有 ANY 或 ALL 谓词的子查询。

ANY：表示"某个值"。

ALL：表示"所有值"。

表 1.5.5 所示是 ANY、ALL 谓词与集函数以及 IN 谓词的等价转换关系。

表 1.5.5　　　　**ANY、ALL 谓词与集函数以及 IN 谓词的等价转换关系**

	=	<>或!=	<	<=	>	>=
ANY	IN	—	<MAX	<=MAX	>MIN	>=MIN
ALL	—	NOT IN	<MIN	<=MIN	>MAX	>=MAX

例：查询其他系里比中文系某一学生年龄小的学生姓名和年龄。

SELECT Student.Sname
FROM Student
WHERE Sage<ANY (SELECT Sage
FROM Student
WHERE department ='自然资源工程系') AND department<>'自然资源工程系';

(4)带有 EXISTS 谓词的子查询。EXISTS 代表存在量词。带有 EXISTS 谓词的子查询不返回任何数据，只产生逻辑真或逻辑假值。

例：查询所有选修了 3 号课程的学生姓名。

SELECT Sname
FROM Student
WHERE EXISTS
(SELECT *
FROM Cselection
WHERE SID = Student.SID AND CID ='3');

在 Student 中依次取每个元组的 SID 值，用此值开始检查 Cselection 关系。若 Cselection 中存在这样的元组，其 SID 值等于此 Student.SID 值，并且其 CID = '3'，则取此 Student.Sname 输入结果关系。

3)集合查询

可以将多个 SELECT 语句的结果进行集合操作。集合查询主要包括并、交、差操作，其中交操作和差操作不能直接完成，可用其他方法实现。

例：查询外语系的学生及年龄不大于 18 岁的学生。
SELECT *
FROM Student
WHERE department='外语系'
UNION
SELECT *
FROM Student
WHERE Sage<=18;

1.5.4 数据更新语言

SQL 语言的更新操作包括插入数据、修改数据和删除数据三条语句。

1. 插入数据

（1）插入单个元组。
格式：
INSERT
INTO <表名>(<属性列 1>[，<属性列 2>…])
VALUES(<常量 1>[，<常量 2>]…);
功能：将新元组插入指定的表中。属性列与常量一一对应，没出现的属性列将取空值。应注意在表定义时说明 NOT NULL 的属性列不能取空值。

例：将一个新学生记录(学号：10020020；姓名：王兵；性别：男；年龄：20；所在院系；自然资源工程系)插入 Student 表中。
INSERT
INTO Student
VALUES('10020020','王兵','男',20,'自然资源工程系');
（2）插入子查询结果。
格式：INSERT
INTO <表名>(<属性列 1>[，<属性列 2>…]) 子查询;
例：对每一个系，求学生的平均年龄，并把结果存入数据库。首先，建立一个新表：
CREATE TABLE DEPTAGE
(department char(15)
AVGAGE int);
然后，对 Student 表按系分组求平均年龄，再把系名和平均年龄插入新表。
INSERT
INTO DEPTAGE (department，AVGAGE)
SELECT department，AVG (Sage)

FROM Student

GROUPE BY department;

2. 修改数据

格式：

UPDATE<表名>

SET <列名>=<表达式>[，<列名>=<表达式>]…[WHERE<条件>];

功能：修改指定表中满足 WHERE 子句条件的元组。SET 子句用于修改新值。省略 WHERE 子句，表示修改所有元组。

(1)修改某一个元组的值。

例：将学生 10020025 的年龄改为 20 岁。

UPDATE Student

SET Sage=20

WHERE SID='10020025';

(2)修改多个元组的值。

例：将所有学生的年龄增加 1 岁。

UPDATE Student

SET Sage = Sage +1;

(3)带子查询的修改语句。

例：将计算机系全体学生的成绩设置为 0。

UPDATE Cselection

SET grades=0

WHERE '计算机系'=

(SELECT department

FROM Student

WHERE Student.SID= Cselection · SID);

3. 删除数据

格式：

DELETE

FROM <表名〉

[WHERE<条件>];

功能：删除指定表中满足条件的元组，如果省略 WHERE 子句，表示删除全部元组。

注意，DELETE 语句只删除表中的数据，并不删除表的定义。

(1)删除某一个元组的值。

例：删除学号为 10020025 的学生记录。

DELETE

FROM Student

WHERE SID= '10020025';

（2）删除多个元组的值。

例：删除所有的学生选课记录。

DELETE

FROM Cselection；

（3）带子查询的删除语句。

例：删除计算机系所有学生的选课记录。

DELETE

FROM Cselection

WHERE '计算机系' =

（SELECT department

FROM Student

WHERE Student.SID = Cselection.SID）；

◎ 课后习题一

1. 数据库的特点是什么？
2. 关系的完整性有哪几类并举例说明。
3. 如何用 SQL 语句创建表，请举例说明。
4. SQL 的数据查询语句格式是什么？请举例说明。

第 2 章　空间数据库

2.1　空间数据

2.1.1　空间数据的相关概念

1. 空间

空间是客观存在的物质空间,既有与时间对应的含义,又有"宇宙空间"的含义。空间可以定义为一系列结构化物体及其相互联系的集合。

从地理学的意义上讲,空间是人类赖以生存的地球表层具有一定厚度的连续空间域,是一个定义在地球表层空间实体集上的关系。GIS 领域的空间是指地理环境或地球表层空间,是地理信息系统表达和研究的对象。为了在 GIS 中对地理空间(geospace)进行描述,常常需要借助抽象的数学空间表达方法。

2. 地理空间

地理空间是指具有明确空间参考信息的地理实体或地理现象发生的时空位置。地理空间中存在着各种物质的或非物质的事物或现象,它们与特定的地理空间位置有关,并具有一定的几何形态。在地理空间中,物体不仅反映事物和现象的地理本质内涵,而且反映它们在地理空间中的位置、分布状况以及它们之间的相互关系。地理空间十分复杂,各组成部分之间存在内在联系,形成一个不可分割的统一整体,而且地理空间具有等级差别,同等级地理空间之间亦存在差异。

地理空间由地理空间定位框架及其所连接的地理空间特征实体组成。通过地图投影,地理现象的宏观特性和空间位置的精确特征紧密有机地联系在一起。其中地理空间定位框架即大地测量控制,为建立所有地理数据坐标位置提供通用参考系统,将所有的地理要素与平面及高程坐标系连接。

3. 空间数据

空间数据是对空间事物的描述,空间数据实质上就是指以地球表面空间位置为参考,描述空间实体的位置、形状、大小及其分布特征诸多方面信息的数据。空间数据是一种带有空间坐标的数据,包括文字、数字、图形、影像、声音等多种形式。空间数据是对现实世界中空间特征和过程的抽象表达,用来描述现实世界的目标,记录地理空间对象的位置特征、拓扑关系、几何特征和时间特征。位置特征和拓扑特征是空间数据特有的特征。空间数据还具有定位、定性、时间、空间关系等特性。空间数据由关于空间对象形态和位域的几何数据，关于空间对象主题的属性数据，关于空间位域上的空间变量的统计数据或模型参数三个部分组成(郭仁忠，1997)。

2.1.2 空间数据源

1. 地图数据

地图数据来源于各种类型的普通地图和专题地图，这些地图内容丰富，图上实体间的空间关系直观，实体的类别或属性清晰，地形图还具有很高的精度，是地理信息的主要载体，同时也是地理信息系统重要的信息源。

2. 影像数据

影像数据主要来源于卫星遥感和航空遥感，包括多平台、多层面、多种传感器、多时相、多光谱、多角度和多种分辨率的遥感影像数据(见图 2.1.1)，构成多源海量数据，也是 GIS 的有效的数据源之一。

图 2.1.1 遥感影像

3. 实测数据

实测数据来源于外业测量、野外试验等方式。当前随着现代化测绘技术、信息技术、计算机技术的飞速发展，数字测绘技术正逐步取代传统测绘手段，成为测绘数据采集的主流方式，如 GNSS 定位技术、全站仪以及数字摄影测量等，如图 2.1.2 所示。通过现代化数字测绘技术可以提供高精度的地形、地籍和其他专题数据，因其具有应用广泛、高精度等优势已成为 GIS 重要的空间数据来源。

4. 统计数据

统计数据是关于国家经济社会、自然资源等方面的各类统计数据，主要来源于全国各

2.1 空间数据

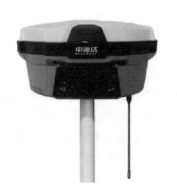

图 2.1.2　RTK 和全站仪

级行政区、各行业部门发布的统计年鉴数据。这类数据是空间对象重要的属性信息来源，也可为空间分析提供重要的数据源，表 2.1.1 是全国 2021 年就业人口数据，可为空间分析提供数据源。

表 2.1.1　　　　　　　　　　　2021 年全国就业人口数据

指标	总量指标				指数（%）（2020 为以下各年）			平均增长速度（%）	
	1978	2000	2019	2020	1978	2000	2019	1979—2020	2001—2020
人口（万人）									
总人口（年末）	96259	126743	141008	141212	146.7	111.4	100.1	0.9	0.5
城镇人口	17245	45906	88426	90220	523.2	196.5	102.0	4.0	3.4
乡村人口	79014	80837	52582	50992	64.5	63.1	97.0	-1.0	-2.3
就业（万人）									
就业人员	40152	72085	75447	75064	186.9	104.1	99.5	1.5	0.2
第一产业	28318	36043	18652	17715	62.6	49.2	95.0	-1.1	-3.5
第二产业	6945	16219	21234	21543	310.2	132.8	101.5	2.7	1.4
第三产业	4890	19823	35561	35806	732.2	180.6	100.7	4.9	3.0
城镇登记失业人员	530	595	945	1160	218.9	195.0	122.8	1.9	3.4

5. 文本数据

文本数据是和空间对象相关的各类文字报告、行业规范、标准、法律法规、政府文件等资料，可为 GIS 项目的管理及运营提供政策、法律等方面的支持。

2.1.3 空间数据的采集方式

1. 地图矢量化

地图数字化是 GIS 空间数据获取的主要方式之一,是将传统的纸质或其他材料上的地图(模拟信号)转换成计算机可识别图形数据(数字信号)的过程,以便进一步计算机存储、分析和输出。主要种类有手扶跟踪数字化和扫描数字化两种方式。扫描数字化因其操作简单、数据获取效率高,现已成为地图矢量化的主要技术手段。

2. 摄影测量与遥感数据获取

利用摄影测量与遥感技术获取空间数据的方法是先根据航片上的原始资料和元数据对立体像对完成内定向、相对定向和绝对定向,然后计算得到 DEM 和 DOM。DEM 可以提供建立三维模型的 X、Y、Z 数据,对于大比例尺的模型,需要建模人员到实地采集;对于小比例尺的模型,由于要求的精度不是那么高,建模人员可以根据需要进行模拟。

3. 外业测量数据获取

外业测量获取数据主要是:利用 GPS 接收机、RTK、全站仪等测量仪器在实地对数据进行采集。目前,移动测绘系统数据获取平台的研制是空间信息获取的研究前沿,外业测量是目前更新 GIS 空间数据库的重要手段。

4. 数据格式转换

数据转换是指基于一定的数学规则,对在格式、结构、坐标等方面不符合要求的数据进行转换,而得到新数据的过程,是获取空间数据、实现数据共享的常用手段。一般而言,不同的软件都会有自己相应的数据格式,想实现不同软件之间数据的交换与共享,就要对数据进行格式转换。

5. 统计数据和文本数据的获取

统计数据主要来自各级统计部门或相关机构发布的各类统计年鉴,除了可以获取纸质版外,往往还有电子版数据,可通过外部表格连接或属性字段输入的方法,将这些数据录入、存储在属性库中,与其他形式的数据一起参与空间分析,是 GIS 属性数据的重要组成部分。

文本数据如相关规划文本、政策文件、行业标准与规程等文字数据一般是公开的,因此可以按规定程序从政府部门获取。

6. 数据共享与购买

随着网络技术、信息技术的发展和数据共享意识的提升,建立越来越多的在线共享空间数据库,可为 GIS 项目的设计开发和空间数据分析提供有效的数据来源,这样不仅大大节约了时间,而且成本费用也会减少。而网络上无法直接下载的空间数据则可通过购买的方式获取。

2.1.4 空间数据结构

数据结构是数据组织的形式,是适合于计算机存贮、管理和处理的数据结构。而空间数据是地理实体的空间排列方式和相互关系的抽象描述。数据如果不按一定的规律存储在计算机中,不仅用户无法理解,计算机也不能正确处理。空间数据结构主要分为矢量数据结构和栅格数据结构。

1. 矢量数据结构

矢量数据结构是通过记录坐标的方式,用点、线、面等基本要素尽可能精确地表示各种地理实体(见图2.1.3)。矢量数据表示的坐标空间是连续的,因此可以精确定义地理实体的任意位置、长度、面积等,其显示精度较栅格数据结构高。

图2.1.3 矢量数据结构

在矢量数据结构中,对于点实体只是记录其在某特定坐标系下的坐标和属性代码。可以将其空间数据和属性数据结合在一起,将点的坐标直接作为点实体的两个属性值来对待。在对线实体进行数字化时,就是用一系列短的直线段首尾相接表示一条曲线,当曲线被分割成多而短的线段后,这些小线段可以近似地看成直线段,而这条曲线也可以足够精确地由这些小直线段序列表示。在矢量结构中,只记录这些小线段的端点坐标,将曲线表示为一个坐标序列,坐标之间认为是以直线段相接,在某一精度范围内可以逼真地表示出各种形状的线状地物。对于面实体而言,在GIS中常用"多边形"的概念来表达一个任意形状,并且边界完全闭合的空间区域是由一系列多而短的直线段组成的,每个小线段作为这个区域的一条边,因此该区域也可看成这些边组成的多边形。

2. 栅格数据结构

栅格数据结构由像元阵列构成,每个像元用网格单元的行和列来确定它的位置,常用于表示地质、气候、土地利用或地形等面状要素。任何面状的对象,如土地利用、土壤类型、地势起伏、环境污染等,都可以用栅格数据来表示。栅格数据的获取方法是在专题地图上均匀地划分网格,相当于将一透明的方格纸覆盖在地图上,网格的尺寸大小依要求设定(见图 2.1.4)。根据单位格网交点归属法(中心点法)、单位格网面积占优法、长度占优法、重要性法等方法，直接获取相应的栅格数据。这类方法称为手工栅格数据编码法，它主要用于区域范围不大或栅格单元的尺寸较大的情况。但是当区域范围较大或者栅格单元的分辨率较高时，需要采用数据类型的转换方法，即由矢量数据向栅格数据做自动转换。

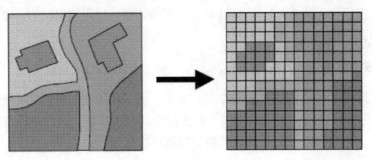

图 2.1.4　栅格数据结构

3. 矢量数据与栅格数据的比较

矢量数据与栅格数据的比较详见表 2.1.2。

表 2.1.2　　　　　　　　　　　　矢量数据与栅格数据的比较

矢 量 数 据	栅 格 数 据
数据存储量小	数据存储量大
空间位置精度高	空间位置精度低
用网络连接法能完整描述拓扑关系	难以建立网络连接关系
输出简单容易，绘图细腻、精确、美观	输出速度快，但绘图质量低
可对图形及其属性进行检索、更新和综合	便于面状数据处理
数据结构复杂	数据结构简单
获取数据慢	易快速获取大量数据
数学模拟困难	数学模拟方便
多种地图叠合分析困难	多种地图叠合分析方便
不能直接处理数字图像信息	能直接处理数字图像信息
空间分析不容易实现	空间分析易于进行
边界复杂、模糊的事物难以描述	容易描述边界复杂、模糊的事物
数据输出的费用较高	技术开发费用低

4. 空间数据之间的拓扑关系

在地理信息系统中，不但要描述实体的空间位置、形状、大小和其他所具有的属性，还要反映实体与实体之间的相互空间关系,即拓扑关系。拓扑关系是指满足拓扑几何学原理的各空间数据间的相互关系,是明确定义空间关系的一种数学方法。

拓扑关系主要包括:邻接关系、关联关系和包含关系。

(1)邻接关系:用以表示空间图形中同类元素之间的拓扑关系,包括节点与节点、线与线以及面与面的邻接关系,分别存在于同一弧段上相邻的节点之间、具有公共节点的弧段之间、具有公共弧段的面之间,如图2.1.5中弧段C_1与C_2,节点N_1与N_2,多边形P_1与P_3间的关系。

(2)关联关系:用以表示空间图形中不同类型元素之间的拓扑关系,包括节点与弧段、弧段与面之间的关联关系,如图2.1.5中节点N_1与弧段C_3间的关系。

(3)包含关系:用以表示空间图形中面中包含其他的点、线或面的关系。不需要各实体的具体位置信息,依据拓扑关系就可以确定实体之间相对空间位置。拓扑关系不会受到投影关系、比例尺变化带来的影响,总能反映实体之间的相对位置,较几何数据有更大的稳定性,如图2.1.5中多边形P_3与P_4间的关系。

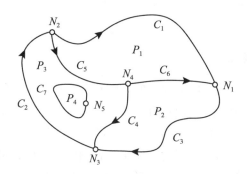

图 2.1.5　拓扑关系

2.1.5　空间数据的组织与管理

空间数据往往用来描述一个国家或一个地区的空间要素特征,具有数据量庞大、要素层繁多的特点,因此如何有效地组织和管理空间数据是空间数据分析和应用的重要前提。空间数据的组织可按照行政区域、经纬网、流域等要素进行划分,然后按照要素特征进一步组织。

1. 基于行政区域组织

按照行政单元组织空间数据是一种国际通用的空间数据组织方式,它根据不同等级的行政区范围,将空间数据按行政区进行切分,便于行政管理和空间数据的应用。例如,一个国家数据可按下一级行政单元即省级区划进行划分,省级行政区又可划分为市级行政区,如此层层细分直至最小的行政地域单元。以《广西壮族自治区南宁市各县区乡镇行政村村庄村名明细及行政区划划分代码居民村民委员会》为例,该文件汇集了南宁市各县区行政区划、地名、各级行政区代码，从省、市、县区、乡镇、村等不同层面全面系统地反映了当前南宁市行政区划编码。第一级为广西壮族自治区编码，往下依次为南宁市编码，各县区编码，乡镇街道编码及行政村编码。以南宁市兴宁区民生街道兴宁社区居委会为例，省级编码为 45，南宁市编码为 4501，兴宁区编码为 450102，民生街道编码为 450102001，兴宁社区居委会编码为 450102001003，如图 2.1.6 所示。

省份	市	县区	乡镇街道	行政村（居委会）	省份代码	市代码	县区代码	乡镇街道代码	行政村代码
广西壮族自治区	南宁市	兴宁区	民生街道	兴宁社区居委会	45	4501	450102	450102001	450102001003
广西壮族自治区	南宁市	兴宁区	民生街道	北宁社区居委会	45	4501	450102	450102001	450102001004
广西壮族自治区	南宁市	兴宁区	民生街道	高峰社区居委会	45	4501	450102	450102001	450102001006
广西壮族自治区	南宁市	兴宁区	民生街道	人民中社区居委会	45	4501	450102	450102001	450102001007
广西壮族自治区	南宁市	兴宁区	民生街道	人民东社区居委会	45	4501	450102	450102001	450102001010
广西壮族自治区	南宁市	兴宁区	民生街道	望仙坡社区居委会	45	4501	450102	450102001	450102001012
广西壮族自治区	南宁市	兴宁区	民生街道	金牛桥社区居委会	45	4501	450102	450102001	450102001013
广西壮族自治区	南宁市	兴宁区	民生街道	长堽西社区居委会	45	4501	450102	450102001	450102001014
广西壮族自治区	南宁市	兴宁区	民生街道	燕子岭社区居委会	45	4501	450102	450102001	450102001015
广西壮族自治区	南宁市	兴宁区	民生街道	长堽东社区居委会	45	4501	450102	450102001	450102001016
广西壮族自治区	南宁市	兴宁区	民生街道	望州南社区居委会	45	4501	450102	450102001	450102001018

图 2.1.6　广西壮族自治区南宁市行政区划编码

2. 基于地图分幅的组织

地图分幅是指按一定方式将广大地区的地图划分成尺寸适宜的若干单幅地图，以便于地图制作和使用。常见的地图分幅形式有：①矩形分幅。图廓呈矩形，相邻图幅以直线划分。矩形大小多由纸张和印刷机的规格（全开、对开、4 开、8 开等）而定，如图 2.1.7 所示。优点是各图幅间接合紧密，便于拼接使用，各图幅印刷面积可相对平衡，便于充分利用纸张和印刷机的版面。缺点是图廓线没有明确的地理坐标，整个制图区域只能一次投影，常用于局部地区的大比例尺平面图和中小比例尺挂图和地图集。②经纬分幅。地图的内图廓近似梯形，常用于基本比例尺地形图。地图分幅时要顾及用图要求、纸张幅面和印刷条件。我国的 11 种基本比例尺地形图均按经纬线分幅，以 1∶100 万地图为基础，按规定的经差和纬差划分图幅，因经线的收敛，各图幅尺寸不同。

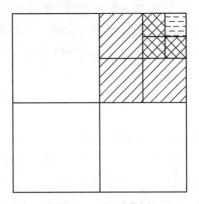

图 2.1.7　矩形分幅

3. 基于要素特征组织

根据空间要素之间不同特征、相似性及组合特征,也可实现空间要素的组织和管理,如可按照专题特征对空间数据进行分类,形成专题数据以便于进一步地分析和应用。以全国土地利用分类为例,水田、水浇地、旱地均有农作物种植的用途,可归类为耕地,见表2.1.3。

表 2.1.3 耕地分类

01	耕地		指种植农作物的土地,包括熟地、新开发地、复垦地、整理地、休闲地(含轮歇地、轮作地);以种植农作物(含蔬菜)为主,间种零星果树、桑树或其他树木的土地; 平均每年能保证收获一季的已垦滩地与海涂。耕地中包括南方宽度<1.0m、北方宽度<2.0m 固定的沟、渠、路与地坎(埂);临时种植药材、草皮、花卉、苗木等的耕地,以及其他临时改变用途的耕地
		011 水田	指用于种植水稻、莲藕等水生农作物的耕地,包括实行水生、旱生农作物轮种的耕地
		012 水浇地	指有水源保证与灌溉设施,在一般年景能正常灌溉,种植旱生农作物的耕地。包括种植蔬菜等的非工厂化的大棚用地
		013 旱地	指无灌溉设施,主要靠天然降水种植旱生农作物的耕地,包括没有灌溉设施仅靠引洪淤灌的耕地

2.2 空间数据库概述

2.2.1 空间数据库基本概念

空间数据库是描述与特定空间位置有关的真实世界对象的数据集合。任何真实世界的对象都可能表示成数据库中的对象,但并不是任何对象都和地理位置有关,这取决于所要表达的信息模型及应用。只有当对象在数据库中需要考虑其空间位置时,它们才成为空间参考对象,才和空间位置相关。空间数据库既要能处理空间参考对象类型,也要能处理非空间参考对象类型。而如何表示空间或地理现象即空间参考对象的关键是其数据模型。数据模型的设计除与应用有关外,还与提供支持模型的基本概念、方法等有密切联系。空间数据的表示则与计算机表示数据的精度和计算机的存储空间有关。

2.2.2 空间数据库的发展现状

1. 空间数据管理模式

空间数据管理有五种方式：基于文件管理型空间数据库、文件与关系数据库混合型空间数据库、全关系型空间数据库、对象-关系型空间数据库和面向对象空间数据库。其中基于文件管理型空间数据库已基本不再使用；文件与关系数据库混合型空间数据库是目前应用最多的。对象-关系型空间数据库是由数据库软件开发商直接对数据库系统功能进行扩展，此类数据库能直接管理和存储空间数据；全关系型空间数据库，即将空间图形数据和属性数据都存储在商用关系数据库中，以期达到对空间信息的一体化管理和存储；面向对象空间数据库最适合于空间数据的管理和表达，不仅支持变长记录，而且支持对象的嵌套、信息的集成与聚集。

2. 空间数据库发展现状

在实际数据的处理中，绝大多数时候采用的是二维或者一维的坐标来解决问题，并且使用的软件也是二维或者一维的。随着地理信息系统的发展，二维空间技术已经相当成熟。人类所在的空间包含平面和空间，是一个三维的，如果加上时刻变化的时间，那人类所在的空间是四维的。

伴随着大数据技术和"互联网＋"技术的迅猛发展，人们的生活中到处充斥着三维和四维的信息。就现状而言，根据不同的应用目的，二维数据模型和三维数据模型有着各自的优势和劣势。基于不同的应用目的，三维数据结构和二维数据结构可以混合使用。另外还可以寻找一种和三维数据配合的一维数据结构。当前时空大数据、分布式空间数据库、数据挖掘、非关系型数据库已广泛应用于空间数据的组织与管理中。

2.2.3 空间数据库与传统数据库的比较

1. 信息描述差异

空间数据库是一个复杂的系统，要用数据来描述各种地理要素，尤其是要素的空间位置，其数据量往往很大。空间数据库中的数据具有丰富的隐含信息，如数字高程模型（DEM 或 TIN）除了载荷高度信息外，还隐含了地质岩性与构造方面的信息。

2. 数据管理差异

（1）传统的数据库管理是不连续的、相关性较小的数字和字符；而空间数据是连续的，具有很强的空间相关性。

（2）传统数据库管理的实体类型少，并且实体类型之间通常只有简单固定的空间关系；而空间数据库的实体类型繁多，实体类型之间存在着复杂的空间关系，并且能产生新的关系（如拓扑关系）。

(3)地理空间数据存储操作的对象可能是一维、二维、三维甚至更高维。一方面，可以将空间数据库看成是传统数据库的扩充；另一方面，空间数据库突破了传统的数据库理论，如将规范关系推向非规范关系。而传统数据库系统主要针对简单对象，无法有效地支持复杂对象(如图形、图像)。

(4)空间数据库有许多与关系数据库不同的显著特征。空间数据库包含了拓扑信息、距离信息、时空信息，通常按复杂的、多维的空间索引结构组织数据，能被特有的空间数据访问方式所访问，经常需要空间推理、几何计算和空间知识表达等技术。

3. 数据操作差异

从数据操作的角度来看，地理空间数据管理中需要进行大量的空间数据操作和查询，如矢量地图的剪切、叠加和缓冲区等空间操作、裁剪、合并、影像特征提取、影像分割、影像代数运算、拓扑和相似性查询等，而传统数据库系统只操纵和查询文字和数字信息，难以适应空间操作。

4. 数据更新差异

(1)数据更新周期不同。传统数据库的更新频度较高，而空间数据库的更新频度一般是以年度为限。

(2)访问的数据量不同。传统数据库每次访问的数据量较少，而空间数据库访问的数据量大，因而空间数据库要求有很高的网络带宽。

(3)数据更新的策略不同。传统数据库一般事务控制，而空间数据库一般允许访问时间相对滞后的数据，一方面因为空间对象的变化较缓慢；另一方面因为人为因素未能及时更新，但这不影响对先前更新的数据的访问。

5. 服务应用差异

(1)一个空间数据库的服务和应用范围相当广泛，如涉及地理研究、环境保护、土地利用和规划、资源开发、生态环境监控、市政管理、交通运输、税收、商业、公安等许多领域。

(2)传统的关系数据库中存储和处理的大多是关系数据。

2.3 空间数据模型

2.3.1 面向对象的数据模型

对象与实体一样是客观世界的一种抽象描述，它由数据和对数据的操作组合而成。类是对多个对象共同特性的抽象概括。消息是对象之间通信的唯一方式，用来指示接收消息的对象执行它的操作。方法是对象收到消息后应采取的行为的描述。对象的实例则是指由一特定类描述的具体对象的实现。

1. 面向对象数据模型的基本概念

（1）对象：一个对象就是现实世界中一个事物的模型表达，与数据库中记录、元组等概念相似。它具有唯一的名称标识，并把自身的状态和内在的功能封装在一起。在面向对象的数据模型中，一个对象的状态是通过域来描述的，可称为私有存储单元。在空间数据库中，任何空间实体都可以用对象的形式加以表达，比如表示一个行政区域的多边形对象、表示一条河流的弧段对象等。

（2）消息：消息是对象之间相互请求或相互协作的唯一途径。一个对象必须通过向其他对象发送消息的形式使得其他对象提供各自所能实现的功能。消息分为公有和私有两类，属于同一个对象的消息，其中有些是可由其他对象向它发送的，叫作公有消息。另外一些则是由它自己向自身发送的，叫作私有消息。

（3）类：是对一组对象的抽象描述，它将该组对象所具有的共同特征集中起来，以说明该组对象的能力和性质。

2. 继承及类之间的层次关系

继承是现实世界中对象之间的一种独特关系，它使得某类对象可以自然地拥有另外一类对象的某些特征和功能。继承性具有双重作用，一是减少代码的冗余，二是通过协调性简化对象类相互之间的接口。继承的分类从对象类的数量上看可分为单继承和多继承两种。

2.3.2 Geodatabase 数据模型

1. Geodatabase 概念

Geodatabase 是 ArcInfo 8 引入的一种全新的面向对象的空间数据模型，是建立在 DBMS 之上的统一的、智能的空间数据模型。

Geodatabase 的设计原理可理解为是针对标准关系数据库技术的扩展，它扩展了传统的点、线和面特征，为空间信息定义了一个统一的模型。在该模型的基础上，使用者可以定义和操作不同应用的具体模型，例如交通规划模型、土地管理模型、电力线路模型等。Geodatabase 为创建和操作不同用户的数据模型提供了一个统一的、强大的平台。

Geodatabase 描述地理对象主要通过以下四种形式：①用矢量数据描述不连续的对象；②用栅格数据描述连续对象；③用 TINs 描述地理表面；④用 Location 或者 Address 描述位置。

Geodatabase 还支持表达具有不同类型特征的对象，包括简单的物体、地理要素（具有空间信息的对象）、网络要素（与其他要素有几何关系的对象）、拓扑相关要素、注记要素，以及其他更专业的特征类型。该模型还允许定义对象之间的关系和规则，从而保持地物对象间相关性和拓扑性的完整。

2. Geodatabase 体系结构

Geodatabase 以层次结构的数据对象来组织地理数据。这些数据对象存储在要素类(feature class)、对象类(object class)和要素数据集(feature dataset)中。Object Class 可以理解为是一个在 Geodatabase 中储存非空间数据的表。而要素类是具有相同几何类型和属性结构的要素(Feature)的集合。

要素数据集是共用同一空间参考要素类的集合。要素类储存可以在要素数据集内部组织简单要素，也可以独立于要素数据集。独立于要素数据集的简单的要素类称为独立要素类。存储拓扑要素的要素类必须在要素数据集内，以确保一个共同的空间参考。

Geodatabase 的基本体系结构包括要素数据集、栅格数据集、TIN 数据集、独立的对象类、独立的要素类、独立的关系类和属性域。其中，要素数据集又由对象类、要素类、关系类、几何网络构成。

3. Geodatabase 的三种存储方案

Geodatabase 提供了不同层次的空间数据存储方案，可以分成三种——Personal Geodatabase(个人空间数据库)、File Geodatabase(基于文件格式的数据库)和 ArcSDEGeodatabase(企业级空间数据库)。

1) Personal Geodatabase

Personal Geodatabase 主要适用于在单用户环境下工作的 GIS 系统，适用于小型项目的地理信息系统。Personal Geodatabase 更像基于文件的工作空间，Personal Geodatabase 的最大容量是 2G，并且只支持 Windows 平台。

2) File Geodatabase

在 ArcGIS 9.2 版本中，引入了一种全新的空间数据存储方案——File Geodatabase，它适用于单用户环境，同样能够支持完整的 Geodatabase 数据模型，可以让用户在没有 DBMS 的情况下使用大数据集。File Geodatabase 数据以文件形式存储在 Windows、Linux 系统的文件夹内，File Geodatabase 中的每个表都能存储 1TB 的数据，从目前的发展趋势来看，File Geodatabase 将会逐步取代 Personal Geodatabase。

3) ArcSDE Geodatabase

ArcSDE Geodatabase 主要用于在多用户网络环境下工作的 GIS 系统。通过 TCP/IP 协议，安装在管理企业数据的关系数据库的服务器上的 ArcSDE 为运行在客户端的 GIS 应用程序提供 ArcSDE Geodatabase。通过 ArcSDE，用户可以将多种数据产品按照 Geodatabase 模型存储于商业数据库系统中，并获得高效的管理和检索服务。

4. Geodatabase 的优势

地理空间数据模型从最初的 CAD 数据模型到 Coverage 数据模型，再发展为现今普遍使用的 Geodatabase 数据模型，其共同的目的都是为 GIS 应用程序提供常用的数据接口和管理框架，使其具有处理丰富数据类型、应用复杂规则和关系、存取大量地理数据等功能。

Geodatabase 的优势主要在于该模型能实现对关系数据库的扩展，具体体现在以下几个方面：

（1） Geodatabase 存储要素的几何特性，便于开发 GIS 应用程序中的空间操作功能，比如查找与要素邻近的对象或者具有特定长度的对象，Geodatabase 中还提供定义和管理数据的地理坐标系统的框架。

（2） Geodatabase 中的几何网络（geometric network）可以模拟道路运输实体或者其他公用设施网络，进行网络拓扑运算。

（3） Geodatabase 中可以定义对象、要素之间的关联（relationships）。使用拓扑关系、空间表达和一般关联，用户不仅可以定义要素的特征，还可以定义要素与其他要素的关联规则。当要素被移动、修改或删除的时候，用户预先定义好的关联要素也会作出相应的变化。

（4） Geodatabase 通过定义域（domain）和验证规则（validation rule）来增强属性的完整性。

（5） Geodatabase 将要素的一些"自然"行为绑定到存储要素的表中。

（6） Geodatabase 可以有多个版本（Version），同一时刻允许不同用户对同一数据进行编辑，并可自动协调出现的冲突。

2.4 空间数据格式

1. Shapefile 文件

ESRI 公司的 Shapefile 文件最早出现在 ArcView 软件中，目前是 ArcGIS 软件中经常使用的软件格式之一。它是描述空间数据的几何和属性特征的非拓扑实体矢量数据结构的一种格式，具有简单、快速显示等优点。一个 Shapefile 文件包括一个主文件（*.shp），一个索引文件（*.shx）和一个 dBASE 表文件（*.dbf）。

主文件（*.shp）是一个直接存取，变长记录的文件，其中每个记录描述一个实体的数据，称为 Shape。在索引文件（*.shx）中，每个记录包含对应主文件记录离主文件头开始的偏移量。dBASE 表文件（*.dbf）包含各个实体的属性特征的记录。几何和属性间的一一对应关系是基于一个不重复的记录顺序代码来实现的，在 dBASE 表文件中的属性记录和主文件中的记录是相同顺序的。

如果 Shapefile 文件有坐标系统，则存储在投影文件 *.prj 中。浏览 Shapefile 文件时会产生 shp.xml 元数据文件。*.shp 文件或 *.dbf 文件最大的内存不能够超过 2 GB（或 2 位）。也就是说，一个 Shapefile 文件最多只能够存储七千万个点坐标。

Shapefile 中常见的空间实体类型如表 2.4.1 所示。

表 2.4.1 常见的空间实体类型

Shape 类型代码	类型名称	Shape 类型代码	类型名称
0	Null Shape（空）	15	PolygonZ（3 维多边形）
1	Point（点）	18	MultiPointZ（3 维多点）
3	PolyLine（折线）	21	PointM（M 值点）

续表

Shape 类型代码	类型名称	Shape 类型代码	类型名称
5	Polygon(多边形)	23	PolyLineM(M 值折线)
8	MultiPoint(多点)	25	PolygonM(M 值多边形)
11	PointZ(3 维点)	28	MultiPointM(M 值多点)
13	PolyLineZ(3 维折线)	31	MultiPatch(面片)

以 Shapefile 的点和多边形实体为例加以说明，折线的结构和多边形相同。一个点数据结构如下所示：

Point
{
Double X   //x 的坐标
Double Y   //y 的坐标
}
其中 x，y 分别是点的 x、y 坐标。

2. Supermap 数据文件

Supermap 数据文件即 UDB 类型数据源，存储于扩展名为 .udb/.udd 的文件中。新建 UDB 数据源时，会同时产生两个文件，.udb 文件和与之相对应的 *.udd 文件，且这两个文件名部分相同(除后缀名外)。GIS 空间数据除了包含空间对象的几何信息外，还包含对象的属性信息，在文件型数据源中，*.udb 文件主要存储空间数据的空间几何信息，.udd 文件存储属性信息。UDB 数据源是一个跨平台、支持海量数据高效存取的文件型数据源，UDB 可以存储的数据上限达到 128TB 大小。

3. MapGIS 数据文件

MapGIS 是明码数据格式，是 ASCII 码的明码文件，其文件结构由文件头和数据区两部分组成。在 MapGIS 文件系统中，其工程文件(后缀名为 .MPJ)一般包括点文件(.WT)、线文件(.WL)、面文件(.WP)、网络文件(.WN)。在执行导入功能之前，必须将 MapGIS 图形文件格式转换为 MapGIS 交换文件格式，即 MapGIS 明码格式，之后再进行导入。上述四种文件格式，转化为明码格式后，文件名分别为：点明码文件(.wat)、线明码文件(.wal)、区明码文件(.wap)、网络明码文件(*.wan)。

◎ **课后习题二**

1. 空间数据的来源是什么？
2. 对比矢量数据和栅格数据的特点。
3. 空间数据的组织方式是什么？
4. Shapefile 文件包含哪几个子文件？

第3章 空间数据库设计

3.1 空间数据库设计概述

数据库系统是计算机应用系统的重要组成部分，开发一个应用系统，特别是信息系统一般都要用到数据库。以数据库为基础的信息系统通常称为数据库应用系统，它一般具有数据输入、数据输出、数据传输、数据存储和数据加工等功能。数据库设计是将业务对象转换为表和视图等数据库对象的过程，它是数据库应用系统开发过程中最重要和最基本的内容，是信息系统的核心和基础。它把信息系统中的大量数据按照一定的模型组织起来，提供存储、维护、检索数据的功能，使信息系统可以方便、及时、准确地从数据库中获取所需的信息。一个信息系统的各个部分能否紧密地结合在一起以及如何结合，关键在于数据库，因此必须对数据库进行合理的设计。

3.1.1 数据库设计内容

数据库设计包含两方面的内容：结构设计和行为设计。

(1)结构设计是指根据给定的应用环境进行数据库模式或数据库结构的设计，数据库应用系统的数据量大，数据间的联系复杂，因此数据库结构设计得是否合理，将直接影响系统的性能和运行效率。结构设计应满足如下要求：能正确地反映客观事物，具有最小冗余度，能满足不同用户对数据的需求，具有较高的数据独立性和数据共享性，并且能够维护数据的完整性。数据库结构特性是静态的，应留有扩充余地，以方便系统改变。

(2)行为设计是指应用程序、事务处理的设计，即利用数据库管理系统及其相关的开发工具软件完成诸如查询、修改、添加、数据统计、报表制作以及事务处理等数据库用户的行为和动作。行为设计应满足数据的完整性约束、安全性控制、并发控制和数据的备份和恢复等要求。

3.1.2 数据库设计的特点

数据库设计是一项综合性技术，大型数据库系统的开发是一项比较复杂的工程。它要求设计人员不但要有数据库的基本知识，还要求有相关应用领域的基本知识以及掌握软件开发的基本原理和基本方法。因此数据库设计具有硬件、软件和管理界面相结合，结构设计和行为设计相结合的特点。

数据库应用系统是以数据为核心，早期的数据库设计主要致力于数据库结构的研究和设计，而忽视了与具体应用环境的要求相结合。在这种情况下，结构设计和行为设计是相分离的，如图 3.1.1 所示。因此，在数据库设计的过程中，还要注意数据库的结构和应用环境相结合，即结构设计和行为设计相结合。

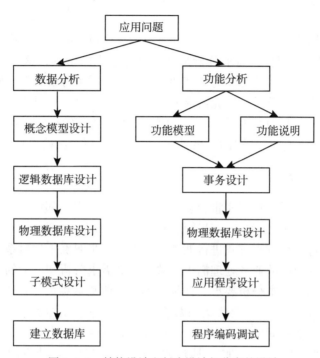

图 3.1.1 结构设计和行为设计相分离的设计

3.1.3 数据库设计的步骤

数据库应用系统的开发是一项软件工程，开发过程应遵循软件工程的一般原则和方法。按照规范设计的方法，考虑到数据库及其应用系统开发全过程，可将数据库设计分为六个阶段：①需求分析，②概念结构设计，③逻辑结构设计，④物理结构设计，⑤数据库实施，⑥数据库运行与维护。

数据库设计工作开始之前，首先要确定人员，包括系统分析员、数据库设计人员和程序员、用户和数据库管理员。其中系统分析员和数据库设计人员是数据库设计的核心人员，他们将自始至终参与数据库设计，他们的水平决定了数据库系统的质量。用户和数据库管理员在数据库设计中也是比较重要的，他们主要参与需求分析和数据库的运行维护，他们的积极参与不但能加快数据库设计的速度，而且能提高数据库设计的质量。程序员在数据库系统实施阶段负责编写程序和准备软件和硬件环境。

3.2　空间数据库设计

3.2.1　需求分析

需求分析是数据库设计的第一阶段，在进行数据库设计时，首先必须准确了解与分析用户需求(包括数据与处理)。需求分析是整个设计过程的基础，这一阶段工作做得是否充分与准确，决定了整个系统开发的速度和质量。如果需求分析有误，则以它为基础的整个数据库设计将可能返工重做，因此需求分析对于数据库设计人员来说是最麻烦和最困难的工作。该阶段的工作是收集和分析用户对系统的要求，确定系统的工作范围，并产生"数据流图"和"数据字典"，所得的结果是下一阶段——概念结构设计的基础。

1. 需求分析的任务

需求分析的任务是通过对现实世界要处理的对象(组织、部门、企业等)进行详细调查，在充分了解原系统(人工系统或计算机系统)运行概况的基础上，确定新系统的功能。

需求分析是通过各种调查方式进行调查和分析，逐步明确用户对系统的需求，主要包括数据需求和对这些数据的业务处理需求。数据库的需求分析和一般的系统分析基本上是一致的，但是，数据库需求分析要更为详细，不仅要收集数据的型(包括数据的名称、数据类型、字节长度等)，而且还要收集与数据库运行效率、安全性、完整性有关的信息，包括数据使用频率、数据间的联系以及对数据操作时的保密要求等。

调查的重点是"数据"和"处理"，通过调查、收集与分析，获得用户对数据库的如下要求：

(1)信息要求。指用户需要从数据库中获得信息的内容与性质。由信息要求可以导出数据要求，即在数据库中需要存储哪些数据。

(2)处理要求。指用户要完成什么处理功能，对处理的响应时间有什么要求，处理方式是批处理还是联机处理。

(3)安全性与完整性要求。一般而言，确定用户的最终需求难度较大。这是因为一方面用户因缺少计算机等相关知识，无法明确计算机或信息系统的用途及使用范围，因而往往不能准确地表达自己的需求，所提出的需求在不断地变化。另一方面，设计人员缺少用户的专业知识，不易理解用户的真正需求，甚至误解用户的需求。因此，设计人员必须不断深入地与用户交流，才能逐步确定用户的实际需求。

2. 需求分析的步骤

需求分析可以按照以下三个步骤进行：

(1)需求收集。充分了解用户可能提出的要求：首先要了解组织机构的设置，主要业务活动和职能，确定组织的目标、大致工作流程、任务范围划分等；然后开展进一步的调查访问，了解每一项业务功能、所需数据、约束条件和相互联系等；最后根据前面调查的结果进行初步分析，确定哪些功能由计算机完成，哪些功能由人工完成，由计算机完成的部分就是新系统的边界。

(2)分析整理。把收集到的各种信息(文件、笔记、录音、图表等)转化为下一阶段设计可用的形式。主要工作为业务流程分析。一般采用数据流分析法,分析结果以数据流图(data flow diagram,DFD)表示;另外,还需要整理出以下文档:

①数据清单:主要列出每一个数据项的名称、含义、来源、类型和长度等。

②业务活动清单:主要列出每个部门的基本工作任务,包括任务的定义、操作类型以及涉及的数据等。

③数据的完整性、一致性、安全性需求等文档。

(3)评审。该阶段的工作是确认任务是否全部完成,避免严重的疏漏或错误,以保证设计质量。评审工作要由项目组以外的专家和主管部门负责人参加,以保证评审的客观性和准确性。

3. 需求分析的方法

为了准确地了解用户的实际要求,可以采用以下方法进行需求调查:

(1)跟班作业:通过亲身参加业务工作来了解业务活动的情况。这种方法可以比较准确地理解用户的需求,但比较费时。

(2)调查会:通过与用户座谈来了解业务活动的情况及用户需求。

(3)请专人介绍:请业务部门的负责人或主管领导介绍业务活动的情况。

(4)询问:对调查中存在的某些问题,可以找专人询问。

(5)用户填写调查表:如果调查表格设计得合理,这种方法很有效,也易于被用户接受。

(6)查阅记录:查阅与原系统有关的数据记录。

在需求调查的过程中,往往需要将上述多种方法相结合,并需要用户积极参与配合,才能取得良好的效果。

3.2.2 概念结构设计

概念结构设计是对收集的信息和数据进行分析整理,确定实体、属性及联系,形成局部视图,然后将各个用户的局部视图合并成一个全局视图,形成独立于计算机的反映用户观点的概念模型。概念模型仅是用户活动的客观反映,并不涉及用什么样的数据模型来实现它的问题,因此概念模型与具体的 DBMS 无关。概念模型应接近现实世界,其结构稳定,用户容易理解,能准确地反映用户的信息需求。实体-联系方法是设计概念模型的主要方法,在该阶段结束时应该产生系统的基本 E-R 图。

1. 概念结构设计的目标和任务

概念结构设计的目标是产生反映系统信息需求的数据库概念结构,即概念模式。概念结构是独立于 DBMS 和使用的硬件环境的。在这一阶段,设计人员要从用户的角度看待数据以及数据处理的要求和约束,产生一个反映用户观点的概念模式,然后再把概念模式转换为逻辑模式。

描述概念结构的模型应具有以下几个特点：

(1)有丰富的语义表达能力。能表达用户的各种需求，准确地反映现实世界中各种数据及其复杂的联系以及用户对数据的处理要求等。

(2)易于交流和理解。概念模型是设计人员和用户之间的主要交流工具，因此要容易和不熟悉计算机技术的用户交换意见。

(3)易于修改。当应用环境和系统需求发生变化时，概念模型能灵活地进行修改和扩充，以适应用户需求和环境的变化。

(4)易于向各种数据模型转换。设计概念模型的最终目的是向某种 DBMS 支持的数据模型转换，建立数据库应用系统，因此概念模型应该易于向关系、网状、层次等各种数据模型转换。

概念模型的表示方法很多，其中最著名、最常用的表示方法为实体-联系方法，这种方法也称为 E-R 模型方法，该方法采用 E-R 图描述概念模型。

2. 概念结构的设计方法

设计概念结构通常有如下四种方法：

(1)自顶向下：即首先定义全局概念结构的框架，然后逐步细化。

(2)自底向上：即首先定义各局部应用的概念结构，然后将它们集成起来，得到全局概念结构。

(3)逐步扩张：首先定义最重要的核心概念结构，然后向外扩充，以滚雪球的方式逐步生成其他概念结构，直至总体概念结构。

(4)混合策略：即将自顶向下和自底向上相结合，用自顶向下策略设计一个全局概念结构的框架，以它为骨架集成由自底向上策略设计的各局部概念结构。

最常采用的策略是自顶向下地开展需求分析，然后再自底向上设计概念结构，如图3.2.1所示。自底向上设计概念结构通常分为两步：第一步是数据抽象与设计各局部应用的局部视图(局部 E-R)；第二步是集成各局部视图，得到全局的概念结构(全局 E-R)。

3. 概念结构设计的步骤

1)数据抽象与局部 E-R 模型的设计

(1)数据抽象。概念结构是对现实世界的一种抽象，所谓抽象就是对实际的人、事、物和概念进行加工处理，抽取所需要的共同特性，用各种概念精确地加以描述，组成某种模型。一般有三种抽象：分类、聚集和概括。

分类(classification)：定义某一类概念作为现实世界中一组对象的类型，它抽象了对象值和类型之间的"is member of"的语义，即成员关系。

聚集(aggregation)：定义某一类型的组成成分。它抽象了对象内部类型和成分之间"is part of"的语义，即组成关系。在 E-R 模型中若干属性的聚集组成了实体型，如图3.2.2所示。

概括(generalization)：定义类型之间一种子集联系。它抽象了类型之间的"is subset of"的语义，即子集关系，如图3.2.3所示。

在需求分析中，已初步得到了有关各类实体、实体间的联系以及描述它们性质的数据

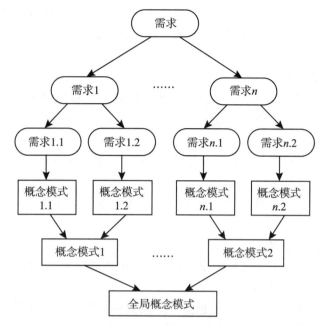

图 3.2.1 自顶向下的分析与自底向上的概念结构设计

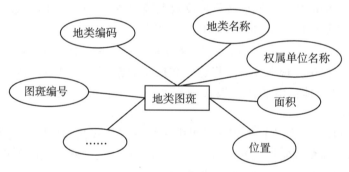

图 3.2.2 地类图斑实体 E-R 图

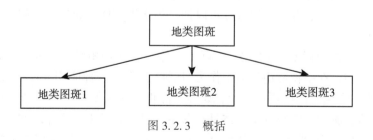

图 3.2.3 概括

元素，统称数据对象。

在这一阶段中，首先要从以上数据对象中确认系统有哪些实体？每个实体有哪些属性？哪些实体间存在联系？每一种联系有哪些属性？然后就可以做出系统的局部 E-R 模型和全局 E-R 模型。

(2)局部 E-R 模型设计。局部 E-R 模型设计是从数据流图出发确定实体和属性，并根据数据流图中表示的对数据的处理确定实体之间的联系。

在设计 E-R 模型时，首先必须根据需求分析，确认实体集、联系集和属性。设计 E-R 模型应遵循以下三条原则：

①相对原则：关系、实体、属性、联系等，是对同一对象抽象过程的不同解释和理解。即建模过程实际上是一个对对象的抽象过程，不同的人或同一个人在不同的情况下，抽象的结果可能不同。

②一致原则：同一对象在不同的业务系统中的抽象结果要求保持一致。业务系统是指建立系统的各子系统。

③简单原则：为简化 E-R 模型，现实世界的事物能作为属性对待的，尽量归为属性处理。

设计分 E-R 图的步骤如下：

①选择局部应用。在需求分析阶段，通过对应用环境和要求进行详尽的调查分析，用多层数据流图和数据字典描述整个系统。

设计分 E-R 图的第一步，就是要根据系统的具体情况，在多层的数据流图中选择一个适当层次的数据流图，让这组图中每一部分对应一个局部应用，即可以这一层次的数据流图为出发点，设计分 E-R 图。

一般而言，中层的数据流图能较好地反映系统中各局部应用的子系统组成，因此设计人员往往以中层数据流图作为设计分 E-R 图的依据。

②逐一设计分 E-R 图。每个局部应用都对应一组数据流图，局部应用涉及的数据都已经收集在数据字典中。现在就是要将这些数据从数据字典中抽取出来，参照数据流图，标定局部应用中的实体；由实体的属性标识实体的码；确定实体之间的联系及其类型（$1:1$、$1:n$、$m:n$）。

(3)标定局部应用中的实体。现实世界中一组具有某些共同特性和行为的对象就可以抽象为一个实体。对象和实体之间是"is member of"的关系。例如，在学校的语义环境中，可以把李磊、王明、张强等对象抽象为学生实体。

对象类型的组成成分可以抽象为实体的属性。组成成分与对象类型之间是"is part of"的关系。如学号、姓名、专业、年级等可以抽象为学生实体的属性。其中，学号为标识学生实体的码(主键)。

(4)实体的属性、标识实体的码。实际上实体与属性是相对而言的，很难有截然划分的界限。同一事物，在一种应用环境中作为"属性"，在另一种应用环境中就必须作为"实体"。一般说来，在给定的应用环境中，属性不能再具有需要描述的性质，即属性必须是不可分的数据项。属性不能与其他实体具有联系，联系只发生在实体之间。

(5)确定实体之间的联系及其类型（$1:1$、$1:n$、$m:n$）。根据需求分析，要考察实体之间是否存在联系，有无多余的联系。

下面以土地利用分类、地类图斑、行政区的数据流图设计分 E-R 图。

选择土地利用分类-地类图斑分配，设计分 E-R 图，如图 3.2.4 所示。

选择地类图斑-行政区，设计分 E-R 图，如图 3.2.5 所示。

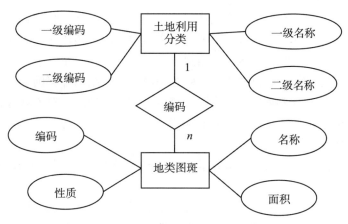

图 3.2.4　土地利用分类-地类图斑分 E-R 图

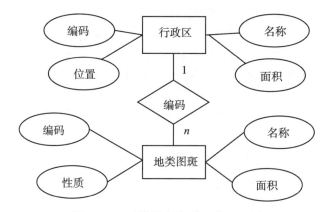

图 3.2.5　地类图斑-行政区分 E-R 图

2) 总体 E-R 模型设计

各子系统的分 E-R 模型设计好以后,下一步就是将各个局部 E-R 图加以综合,产生总的概念模型(总体 E-R 图)。一般说来,综合可以有两种方式:一种是多个分 E-R 图一次集成;另一种是逐步集成,用累加的方式一次集成两个分 E-R 图。

第一种方式比较复杂,做起来难度较大;第二种方式每次只集成两个分 E-R 图,可以降低复杂度。无论采用哪种方式,每次集成局部 E-R 图时都需要分两步走:第一步合并,解决各分 E-R 图之间的冲突,将各分 E-R 图合并起来生成初步 E-R 图;第二步修改和重构,消除不必要的冗余,生成基本 E-R 图。

(1) 合并分 E-R 图,生成初步 E-R 图。各分 E-R 图之间的冲突主要有三类:属性冲突、命名冲突和结构冲突。

①属性冲突。包括属性域冲突和属性取值单位冲突。属性域冲突,即属性值的类型、取值范围或取值集合不同。例如,属性"学号"有的定义为字符型,有的为数值型。属性取值单位冲突,例如,属性"身高"有的以厘米为单位,有的以米为单位。

②命名冲突。包括实体名、联系名、属性名之间异名同义或同名异义等。例如,"成

绩"和"分数"属于异名同义。

③结构冲突。同一对象在不同应用中具有不同的抽象。例如,"课程"在某一局部应用中被当作实体,而在另一局部应用中则被当作属性。同一实体在不同局部视图中所包含的属性个数或者属性的排列次序不完全相同。

属性冲突和命名冲突通常用讨论、协商等手段解决;结构冲突则要认真分析后用技术手段解决,例如,把实体变换为属性或属性变换为实体,使同一对象具有相同的抽象。又如,取同一实体在各局部 E-R 图中属性的并作为集成后该实体的属性集,并对属性的取值类型进行协调统一。

在进行综合时,除相同的实体应该合并外,还可在属于不同分 E-R 图的实体间添加新的联系。

(2)修改与重构,生成总体 E-R 图。分 E-R 图经过合并生成的是初步 E-R 图。初步 E-R 图中可能存在冗余的数据和冗余的实体间联系,即存在可由基本数据导出的数据和可由其他联系导出的联系,如"年龄"和"出生日期","年龄"可由"出生日期"推导出来。冗余数据和冗余联系容易破坏数据库的完整性,给数据库维护增加困难,因此得到初步 E-R 图后,还应当进一步检查 E-R 图中是否存在冗余,如果存在,应设法予以消除。修改、重构初步 E-R 图以消除冗余,主要采用分析方法,还可以用规范化理论来消除冗余。

图 3.2.6 是将图 3.2.4 和图 3.2.5 合并后的总体 E-R 图。

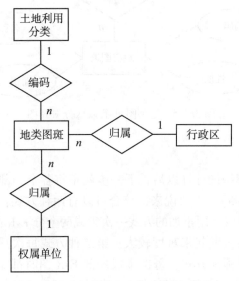

图 3.2.6　合并后的总体 E-R 图(部分)

从 E-R 模型中可以获得实体、实体间的联系等信息,而不能得到约束实体处理的业务规则。

对模型中的每一个实体中的数据所进行的添加、修改和删除,应该符合预定的规则。特别是删除,往往包含着一些重要的业务规则。业务规则是在需求分析中得到的,需要反映在数据库模式和数据库应用程序中。

(3)审核。概念结构设计的最后一步是把全局概念模式提交审核。评审可分为用户评审和 DBA 及设计人员审核两部分。用户评审的重点是确认全局概念模式是否准确完整地反映了用户的信息需求，以及现实世界事务的属性间的固有联系；DBA 及设计人员评审则侧重于确认全局概念模式是否完整，属性和实体的划分是否合理、是否存在冲突，以及各种文档是否齐全等。

3) 概念设计的结果

本阶段设计所得的结果为以下文档：

(1) 系统各子部门的局部概念结构描述。
(2) 系统全局概念结构描述。
(3) 修改后的数据字典。
(4) 概念模型应具有的业务规则。

3.2.3 逻辑结构设计

1. 逻辑结构设计的目标和任务

逻辑结构设计的目标是把概念结构设计阶段设计好的基本 E-R 图转换为特定的 DBMS 所支持的数据模型，包括数据库模式和外模式，并对其进行优化。目前使用的绝大多数是关系数据模型，所以逻辑结构设计就是将 E-R 模型转换为等价的关系模型。

逻辑结构设计阶段的主要依据有概念结构设计阶段的所有局部和全局概念模式，即局部 E-R 图和全局 E-R 图；需求分析阶段产生的业务活动分析结果，主要包括用户需求、数据的使用频率和数据库的规模。

目前大多数 DBMS 所支持的数据结构是二维表，因此，本阶段的主要任务有以下几点：

(1) 将 E-R 模型转换为等价的关系模式。
(2) 按需要对关系模式进行规范化。
(3) 对规范化后的模式进行评价。
(4) 根据局部应用的需要，设计用户外模式。

2. 逻辑结构设计的方法和步骤

逻辑结构设计阶段一般分五个过程进行：①将概念结构转换为一般的关系、网状、层次模型；②将由概念结构转换来的模型向所选用 DBMS 支持的数据模型转换；③对数据模型进行优化；④对数据模型进行评价和修正；⑤设计外模式。

1) E-R 图向关系模型转换

E-R 图向关系模型转换要解决的问题是如何将实体和实体间的联系转换为关系模式，以及如何确定这些关系模式的属性和码。

关系模型的逻辑结构是一组关系模式的集合。E-R 图则是由实体、实体的属性和实体之间的联系三个要素组成。所以将 E-R 图转换为关系模型实际上就是要将实体、实体的属性和实体之间的联系转换为关系模式，这种转换一般遵循如下原则：

(1) 一个实体转换为一个关系模式。实体的属性就是关系的属性，实体的码就是关系的码。

（2）一个1∶1联系可以转换为一个独立的关系模式，也可以与任意一端对应的关系模式合并。如果转换为一个独立的关系模式，则与该联系相连的各实体的码以及联系本身的属性均转换为关系的属性，每个实体的码均是该关系的候选码；如果与某一端实体对应的关系模式合并，则需要在该关系模式的属性中加入另一个关系模式的码和联系本身的属性。

（3）一个1∶n联系可以转换为一个独立的关系模式，也可以与n端对应的关系模式合并。如果转换为一个独立的关系模式，则与该联系相连的各实体的码以及联系本身的属性均转换为关系的属性，而关系的码为n端实体的码。

（4）一个1∶m联系转换为一个关系模式。与该联系相连的各实体的码以及联系本身的属性均转换为关系的属性，而关系的码为各实体码的组合。

（5）三个或三个以上实体间的一个多元联系可以转换为一个关系模式。与该多元联系相连的各实体的码以及联系本身的属性均转换为关系的属性，而关系的码为各实体码的组合。

（6）具有相同码的关系模式可合并。

下面结合图3.2.6所示的E-R图，把它转换为关系模型，主键用下划线标出。

实体名：土地利用分类。

对应的关系模式：土地利用分类(<u>一级编码</u>，一级名称、二级编码、二级名称、三级编码、三级名称)，教师号为一级编码。

实体名：地类图斑。

对应的关系模式：地类图斑(<u>地类编码</u>，地类名称，图斑编号，权属单位，面积，位置)，地类编码为主键。

实体名：行政区。

对应的关系模式：行政区(<u>行政区编码</u>，标识码，行政区名称，行政区面积，行政区位置)，行政区编码为主键。

2) 数据模型优化

数据库逻辑设计的结果不是唯一的，为了进一步提高数据库应用系统的性能，还应该根据应用适当地修改、调整数据模型的结构，这就是数据模型的优化。关系数据模型的优化通常以规范化理论为指导，具体方法如下：

（1）确定数据依赖。

（2）对于各个关系模式之间的数据依赖进行最小化处理，消除冗余的关系。

（3）按照数据依赖的理论对关系模式逐一进行分析，检查是否存在部分函数依赖、传递函数依赖等，确定各关系模式分别属于第几范式。

（4）按照需求分析阶段得到的处理要求，分析这些模式对于应用环境是否合适，确定是否要对某些模式进行合并或分解。

（5）对关系模式进行必要的分解，提高数据操作的效率和存储空间的利用率。常用的两种分解方法是水平分解和垂直分解。

例如，地类图斑中包括地类图斑1、地类图斑2与地类图斑3三类。如果大多数查询一次只涉及其中的一类图斑，就应把整个关系横向划分为地类图斑1、地类图斑2与地类图斑 3 三个关系,以便提高系统的查询效率。

3) 模式评价

模式评价可检查规范化后的关系模式是否满足用户的各种功能要求和性能要求,并确认需要修正的模式部分。

4) 功能评价

关系模式中必须包含用户可能访问的所有属性。根据需求分析和概念结构设计文档,如果发现用户的某些应用不被支持,则应进行模式修正。但涉及多个模式的连接应用时,应确保连接具有无损性。否则,也应进行模式修正。对于检查出有冗余的关系模式和属性,应分析产生的原因,是为了提高查询效率或应用扩展的"冗余",还是某种疏忽或错误造成的。如果是后一种情况,应当予以修正。

问题的产生可能在逻辑设计阶段,也可能在概念设计或需求分析阶段。所以,有可能需要回溯到上两个阶段进行重新审查。

5) 性能评价

主要用于估算数据库操作的逻辑记录传送量及数据的存储空间,当前因为缺乏相应的评价手段,所以对数据库模式的性能评价是比较困难的。

6) 逻辑模式修正

修正逻辑模式的目的是改善数据库性能、节省存储空间。在关系模式的规范化中,数据库的性能问题易被忽略。一般认为,数据库的物理设计与数据库的性能关系更密切一些,事实上逻辑设计的好坏也有较大影响。除了性能评价提出的模式修正意见外,还可以考虑以下几个方面:

(1) 尽量减少连接运算。在数据库的操作中,连接运算的资源需求很大。参与连接的关系越多、越大,资源消耗也越大。所以,对于一些常用的、性能要求比较高的数据查询,最好是单表操作。

(2) 减小关系的大小和数据量。关系的大小对查询的速度影响也很大。有时为了加快查询速度,可把一个大关系从纵向或横向划分成多个小关系。有时关系的属性太多,可对关系进行纵向分解,将常用和不常用的属性分别放在不同的关系中,可以提高查询关系的速度。

(3) 选择属性的数据类型。关系中的每一属性都要求有一定的数据类型,为属性选择合适的数据类型不但可以提高数据的完整性,还可以提高数据库的性能,节省系统的存储空间。

①使用变长数据类型。当数据库设计人员和用户不能确定一个属性中数据的实际长度时,可使用变长的数据类型。当前主流 DBMS 都支持以下几种变长数据类型:varbinary、varchar 和 nvarchar。使用这些数据类型,系统能够自动地根据数据的实际长度确定数据的存储空间,大大提高存储效率。

②预期属性值的最大长度。在关系的设计中,必须能预期属性值的最大长度,只有知道数据的最大长度,才能为数据定制最有效的数据类型。

③使用用户自定义的数据类型。如果使用的 DBMS 支持用户自定义数据类型,则利用它可以更好地提高系统性能。因为这些类型是专门为特定的数据而设计的,能够有效地提高存储效率,保证数据安全。

7）设计用户外模式

外模式也叫子模式，是用户可直接访问的数据模式。在同一系统中，不同用户可以有不同的外模式。外模式来自逻辑模式，但在结构和形式上可以不同于逻辑模式，所以它不是逻辑模式简单的子集。通过外模式对逻辑模式的屏蔽，为应用程序提供了一定的逻辑独立性；可以更好地适应不同用户对数据的需求；为用户划定了访问数据的范围，有利于数据的保密等。

在关系型 DBMS 中，都具有视图的功能。通过定义视图，再加上与局部用户有关的基本表，就构成了用户的外模式。在设计外模式时，可以参照局部 E-R 模型。

3.2.4 物理结构设计

数据库在物理设备上的存储结构与存取方法称为数据库的物理结构，它依赖于计算机系统。为一个特定的逻辑数据模型选取一个最适合应用要求的物理结构的过程，就是数据库的物理设计。

设计数据库物理结构，设计人员必须充分了解所用 DBMS 的内部特征；数据库的应用环境，特别是数据库应用处理的频率和响应时间的要求；外存储设备的特性等。

数据库的物理设计通常分为两步：①对物理结构进行评价，评价的重点是时间和空间效率；②如果评价结果满足原设计要求，则可进入物理实施阶段，否则就需要重新设计或修改物理结构，甚至要返回逻辑设计阶段修改数据模型。

1. 物理设计的内容和方法

不同的数据库产品所提供的物理环境、存取方法和存储结构有很大差别，能供设计人员使用的设计变量、参数范围也大相径庭，当前尚无通用的物理设计方法可以遵循，仅有一般的设计内容和原则。数据库物理设计的内容主要包括存储结构的设计和存取方法的设计。

（1）存储结构的设计。存储结构包括记录的组成、数据项的类型、长度和数据项间的联系，以及逻辑记录到存储记录的映射。在设计记录的存储结构时，并不改变数据库的逻辑结构。但可以在物理上对记录进行分割。数据库中数据项的被访问频率是很不均匀的。基本上符合公认的"8020 规则"，即"数据库中检索的 80% 的数据由其中 20% 的数据项组成"。

当多个用户同时访问常用数据项时，会因访盘冲突而等待。如果将这些数据分布在不同的存储介质分组上，当用户同时访问时，系统可并行执行 I/O，减少访问冲突，提高数据库的性能。所以对于常用关系，最好将其水平分割成多个关系，分布到多个存储介质分组上，以均衡各个磁盘组的负荷，发挥多磁盘组并行操作的优势。

（2）存取方法的设计。存取方法是为存储在物理设备上的数据提供存储和检索的方式。它包括存储结构和检索机制两部分：存储结构限定了可能访问的路径和存储记录，检索机制定义每个应用的访问路径。数据库系统是多用户共享的系统，对同一个关系要建立多条存取路径才能满足多用户的多种应用要求。物理设计的任务之一就是要确定选择哪些存取方法，即建立哪些存取路径。

索引是数据库中一种非常重要的数据存取路径,在存取方法设计中要确定建立何种索引,以及在哪些表和属性上建立索引。通常情况下,对数据量很大,又需要做频繁查询的表建立索引,并且选择将索引建立在经常用作查询条件的属性或属性组,以及经常用作连接属性的属性或属性组上。

索引可提高查询性能,但要以牺牲额外的存储空间和提高更新维护为代价。因此要根据用户需求和应用的需要来合理使用和设计索引。

索引从物理上分为聚簇索引和普通索引,确定索引的一般规则如下:

①如果一个(或一组)属性经常在查询条件中出现,适合在这个属性(或属性组)上建立索引(或组合索引)。

②如果一个属性经常作为最大值或最小值等聚集函数的参数,适合在这个属性上建立索引。

③如果一个(或一组)属性经常在连接操作的连接条件中出现,适合在这个属性(或属性组)上建立索引。

④关系的主码或外码一般应建立索引。

⑤对于以查询为主或只读的表,可以建立索引。

⑥对于范围查询(即以 =、<、>、≤、≥ 等比较符确定查询范围的),可在有关的属性上建立索引。

一般情况下,索引还需在数据库运行测试后,再加以调整。使用索引的最大优点是可以减少检索的 CPU 服务时间和 I/O 服务时间,改善检索效率。如果没有索引,系统只能通过顺序扫描寻找相匹配的检索对象,花费时间较长。在关系上建立的索引并不是越多越好,建立过多的索引,系统对索引的查询和维护资源需求则会很大。因此,若一个关系的更新频率很高,修改索引会增加 CPU 使用率,反而会影响存取操作的效率。

2. 物理设计的评价

数据库物理设计过程中需要对时间效率、空间效率、维护代价和各种用户要求进行权衡,其结果可以产生多种方案,数据库设计人员必须对这些方案进行细致的评价,从中选择一个较优的方案作为数据库的物理结构。

评价物理数据库的方法完全依赖于所选用的 DBMS,主要是从定量估算各种方案的存储空间、存取时间和维护代价入手,对估算结果进行权衡、比较,选择出一个较优的合理的物理结构。如果该结构不符合用户需求,则需要修改设计。

物理设计的结果是物理设计说明书,包括存储记录格式、存储记录位置分布及存取方法,并给出对硬件和软件系统的约束。

3.2.5 数据库的实施和维护

1. 数据库的实施

完成数据库的物理设计之后,设计人员就要用 RDBMS 提供的数据定义语言和其他实用程序将数据库逻辑设计和物理设计结果严格描述出来,成为 DBMS 可以接受的源代码,再经过调试生成目标模式，然后组织数据入库，此阶段即为数据库实施阶段。

这一阶段主要完成的工作有如下几点：

1）建立实际的数据库结构

用 DBMS 提供的数据定义语言编写描述逻辑设计和物理设计结果的程序（数据库脚本程序），经计算机编译处理和执行后就生成了实际的数据库结构。

所用 DBMS 的产品不同，描述数据库结构的方式也不同。有的 DBMS 提供数据定义语言，有的提供数据库结构的图形化定义方式，有的两种方法都提供。在定义数据库结构时，应包含以下内容。

(1) 数据库模式与子模式，以及数据库空间等的描述。模式与子模式的描述主要是对表和视图的定义，其中应包括索引的定义。

(2) 数据库完整性描述。在数据库设计时如果没有一定的措施确保数据库中数据的完整性，就无法从数据库中获得可信的数据。在模式与子模式实现中，完整性描述主要包括以下几种：

①对列的约束，包括列的数据类型、列值的约束；

②对表的约束，主要有表级约束（多个属性之间）和外键约束；

③多个表之间的数据一致性，主要是外键的定义；

④对复杂的业务规则的约束。

(3) 数据库安全性描述。在数据操作方面，系统可以对用户的数据操作进行两方面的控制：一是给合法用户授权，目前主要有身份验证和口令识别；二是给合法用户不同的存取权限。

(4) 数据库物理存储参数描述。物理存储参数因 DBMS 的不同而不同。一般可以设置以下参数：块大小、页面大小（字节数或块数）、数据库的页面数、缓冲区个数、缓冲区大小、用户数等。

2）数据加载

数据加载分为手工录入和使用数据转换工具两种。主流 DBMS 都提供了 DBMS 之间数据转换的工具。如果用户原来就使用数据库系统，可以利用新系统的数据转换工具，先将原系统中的表转换成新系统中相同结构的临时表，然后对临时表中的数据进行处理后插入相应表中。还需要对数据库系统进行联合调试，所以大部分的数据加载工作应在数据库的试运行和评价工作中分批进行。

2. 数据库的试运行

将原有系统的一小部分数据输入数据库后，就可以开始对数据库系统进行联合调试，这又称为数据库的试运行。

在试运行阶段应分期分批地组织数据入库，先输入小批量数据进行调试，待试运行基本合格后，再大批量地输入数据，逐步增加数据量，逐步完成试运行，以免试运行后需要修改数据库的设计时，还要重新组织数据入库。在数据库试运行阶段，因系统还不稳定，硬件、软件故障随时都可能发生。同时系统的操作人员对新系统还不熟悉，误操作可能性很大，因此，应首先调试运行 DBMS 的恢复功能，做好数据库的转储和恢复工作。一旦故障发生，能使数据库尽快恢复，尽量减少对数据库的破坏。

3. 数据库的运行和维护

数据库试运行合格后,数据库开发工作就基本完成,可以投入正式运行了。但是,由于应用环境在不断变化,数据库运行过程中物理存储也会不断变化,因此,对数据库设计进行评价、调整、修改等维护工作是一个长期的任务,也是设计工作的继续和提高。

在数据库运行阶段,数据库的经常性维护工作主要是由DBA完成的,包括如下几点:

(1)对数据库性能的监测和改善。由于数据库应用环境、物理存储的变化,特别是用户数和数据量的不断增加,数据库系统的运行性能会发生变化。某些数据库结构(如数据页和索引)经过一段时间的使用以后也可能会被破坏,所以DBA必须利用系统提供的性能监控和分析工具,经常对数据库的运行、存储空间及响应时间进行分析,结合用户的反映确定改进措施。

(2)数据库的转储和恢复。数据库的转储和恢复是系统正式运行后最重要的维护工作之一。因此DBA应根据应用要求,制定不同的备份方案,保证一旦发生故障,能很快将数据库恢复到最后正常状态,尽量减少对数据库的破坏。

(3)数据库的安全性、完整性控制。在数据库运行过程中,由于应用环境的变化,对安全性的要求也会发生变化,例如,原来有些数据是保密的,现在可以公开查询,系统中用户的安全级别也会发生改变;同样,数据库的完整性约束条件也会发生改变,这些都需要DBA根据实际情况进行相应的改变,以满足用户的应用要求。

(4)数据库的重组与重构。数据库运行一段时间后,由于记录的增、删、改,会使数据库物理存储情况变坏,影响数据库的存取效率。这时,DBA要对数据库进行重组和部分重组,以提高系统性能。

3.3 空间数据库设计实验案例——以陕西基础地理信息数据库为例

3.3.1 概念模型的建立

根据用户需求,提取数据库建库的实体和属性。本数据库的用户需求数据如图3.3.1所示。

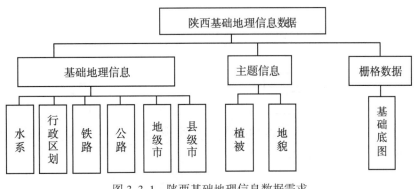

图 3.3.1 陕西基础地理信息数据需求

陕西基础地理信息数据的 E-R 图如图 3.3.2 所示，下面以水系和行政区划为例。建立 E-R 图，如图 3.3.3 所示。

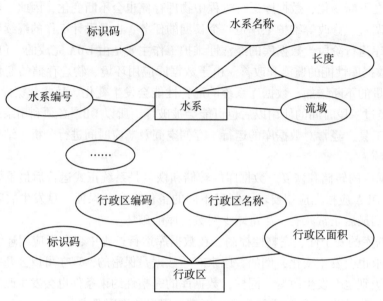

图 3.3.2　陕西基础地理信息数据实体与属性图(部分)

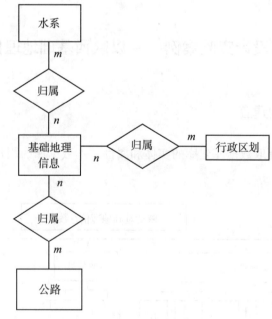

图 3.3.3　E-R 图(部分)

3.3.2 逻辑设计

以陕西基础地理信息数据库为例,将空间数据转换成 ArcGIS10.2 的 Geodatabase 对象模式,如表 3.3.1 所示。其中,字段国标代码为关系的主关键字,字段用户代码、要素名称、几何类型、层等属于外部关键字,通过外部关键字可与其参照的关系表建立联系。

表 3.3.1　　　　　　　　　　要素分类表

国标代码	用户代码	要素名称	几何类型	层
1100000	110000	**测量控制点**		
110102	1101021	三角点	点	conpt
110202	1102021	水准点	点	conpt
110302	1103021	卫星定位等级点	点	conpt
110401	1104011	重力点	点	conpt
110402	1104021	独立天文点	点	conpt
110900	1109001	测量控制点注记	点	anolk
120000	1200000	**数学基础**		
120100	1201002	内图廓线	线	netln
120200	1202002	坐标网线	线	netln
200000	2000000	**水系**		
210000	2100000	**河流**		
210101	2101012	单线地面河流	线	hydnt
210101	2101013	双线地面河流	面	hydnt
210103	2101031	地下河段出入口	有向点	hydnt
210104	2101042	单线消失河段	线	hydnt
210104	2101043	双线消失河段	面	hydnt
210200	2102002	单线时令河	线	hydnt
210200	2102003	双线时令河	面	hydnt
210301	2103012	单线河道干河	线	hydnt
210301	2103013	双线河道干河	面	hydnt
210302	2103023	漫流干河	面	hydnt
219000	2190001	河流注记	点	annlk
......				

续表

国标代码	用户代码	要素名称	几何类型	层
400000	**4000000**	**交通**		
410000	**4100000**	**铁路**		
410101	4101012	单线标准轨	线	tralk
410102	4101022	复线标准轨	线	tralk
410103	4101032	建设中铁路	线	tralk
410201	4102012	单线窄轨	线	tralk
410202	4102022	复线窄轨	线	tralk
410301	4103011	火车站	点	tralk
410302	4103021	机车转盘	点	tralk
410303	4103031	车挡	点	tralk
410304	4103041	信号灯柱	点	tralk
410305	4103052	站线	线	tralk
410306	4103061	水鹤	点	tralk
419000	4190001	铁路注记	点	anolk
420000	**4200000**	**城际公路**		
420101	4201012	国道(建成)	线	tralk
420202	4201022	国道(建筑中)	线	tralk

3.3.3 物理设计

空间数据库的物理设计是从一个满足用户信息需求、已确定逻辑结构的设计方案出发，研制出一个高效、可操作的物理数据库结构。在物理设计阶段应考虑某些约束性操作，如响应时间、存储要求等。

物理设计分为五个部分，前三部分为结构设计，后两部分为约束性设计和程序设计。

(1)存储记录的格式设计。对数据项类型特征作分析，对存储记录进行格式化，选择数据压缩的方式。如对含有较多记录的关系，可使用"垂直分解"，按属性的使用频率不同进行分割，以此降低数据库访问的代价，提高数据库的性能。

(2)存储方法的设计。存储方法的设计是物理设计中非常重要的环节。存储方法主要有四种：①顺序存储：该方法的平均查询次数为关系记录个数的1/2；②散列存储：该方法的查询次数由散列算法决定；③索引存储：该方法需创建索引；④聚簇存储：该方法将不同类型的记录分配到相同的物理区域中，充分利用物理顺序性的优点，提高访问速度。

(3)访问方法设计。为物理设备上的数据提供存储结构和查询路径。

(4)完整性和安全性设计。根据逻辑设计书中提供的数据约束性条件,选择数据库系统和操作系统及硬件环境,建立数据库的安全性和完整性措施。

(5)应用设计。设计人机界面、输入输出格式、代码等。

◎ 课后习题三

1. 需求分析的步骤是什么。
2. 合并分 E-R 图时产生的冲突包括哪几类?
3. 数据库的经常性维护工作包括哪些内容?
4. 参考课本案例,撰写一个空间数据库设计案例。

第4章 空间数据库建立与维护

4.1 空间数据库建设内容

设计好空间数据库后，即可进行空间数据库建设。数据库中存储着大量的传统数据和基于 GIS 的地理数据。随着现代测绘技术和计算机应用技术的发展，GIS 已从原来单纯的地理信息服务扩展到对空间信息进行分析、处理、存储、显示以及辅助决策等方面。目前我国已经建成了大量的地理信息系统，地理数据种类繁多且数据量庞大。

空间数据库管理是指对空间数据进行组织、存储、查询以及对非空间数据的访问与操作。空间数据是指地理实体在三维空间中所表示的位置、分布等信息；而非空间数据则包括了人们对其进行处理时产生的各种属性数据。在进行测绘地理信息行业空间数据库建设时，通常有以下几大数据库（如图 4.1.1 所示）：数字栅格数据库、数字高程模型数据库、数字正射影像数据库、地理要素矢量数据库、专题数据库、元数据库。

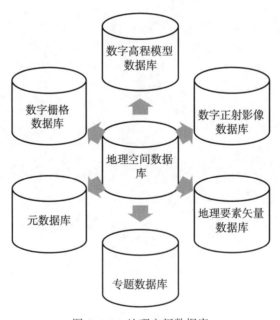

图 4.1.1 地理空间数据库

（1）数字栅格数据库：是以纸质或胶片为载体，对地形图进行几何纠正及色彩校正后，具有较高几何精度的地形图所形成的栅格数据组成的数据库。

（2）数字高程模型数据库：以 X、Y 方向的规则格网点为基础建立起来的高程数据集所组成的数据库。

（3）数字正射影像数据库：包括航空航天遥感数据和其他影像数据组成的数字正射影像数据库。

（4）地理要素矢量数据库：采用一定的矢量数据结构，将不同类型（如水系、等高线和居民地）的数据按一定地理要素矢量数据库规则组织起来形成的数据库。

（5）专题数据库：一种或几种不同类型的数据库，包括土地利用数据、农业数据、水利数据、地籍数据、规划管理数据和道路数据等。

（6）元数据库：包括有关数据集的内容、质量、表达方法、空间参考、管理方法、数据所有者、数据提供方法和数据集其他特性等信息组成的数据库。

4.2 空间数据库建库流程

4.2.1 空间数据库建库总体流程

建立空间数据库是一项复杂而艰巨的任务。它不仅要求有一定的专业知识，而且要具备较高的空间信息分析能力和数据处理能力。因此，必须掌握相应的技术方法和工具。空间数据建库通常需要经历包括数据准备、库体创建、数据入库前检查、数据处理、数据处理后检查、数据入库、数据校验等程序。

（1）数据准备。数据准备阶段包括数据采集、整理、编辑等工作。

（2）库体创建。空间数据库是在 DBMS 环境下通过对数据描述语言、逻辑设计、物理设计等方面进行分析研究，确定其概念模式和外模式，然后根据功能软件的要求及用户的需求，选择合适的目标模式，从而得到所需的空间数据库结构。

（3）数据入库前检查。导入或录入的入库数据必须通过系统的入库前检查（数据唯一性、数据类型、缺项检查），才能保存到数据库中。

（4）数据处理。在数据入库前，要进行数据整理、格式转换等工作。

（5）数据处理后检查。数据采集后，须接受入库后系统检查。若是空间数据必须接受拓扑检查，再与原数据文件进行逐字节比较检查，均通过后，进行人工检查。

（6）数据入库。装入过程中的各种操作通过编写相应的数据装入程序来完成或者应用 DBMS 来进行。由于各项目的实际情况不同，所需输入的数据量也不尽相同。因此，在装入数据时应考虑到项目的具体需要。

（7）数据校验。在装入数据后的地理数据库基础上，设计并实现了相应的应用程序及各功能模块，通过对地理空间数据库系统中各个功能模块进行测试与分析，验证系统的稳定性、响应时间、安全性、完整性等指标是否满足需求。经过调试操作，如基本符合要求，即可投入实际工作中。

综上所述，要建立真正意义上的空间数据库，是非常复杂的系统工程。任何一项工作都需要消耗大量的人力、物力和时间成本。如何在保证质量的前提下，快速有效地完成这项工作是一个值得探讨的问题。

4.2.2 常见的空间数据库建库

本章节介绍两种常见的地理空间数据库建库流程：矢量地形要素建库和遥感影像数据建库。

（1）矢量地形要素建库流程（见图4.2.1）：矢量地形要素建库，可采用扫描纸质地图的方式，经配准、几何校正和图像编辑后，通过图件矢量化操作或利用野外实测所获资料，采用软件将图件数据化。在此基础上，对于矢量化的图，执行录入属性，并进行绘图检查，在核对和修正拓扑关系之后，再执行图的质量检查并入库。

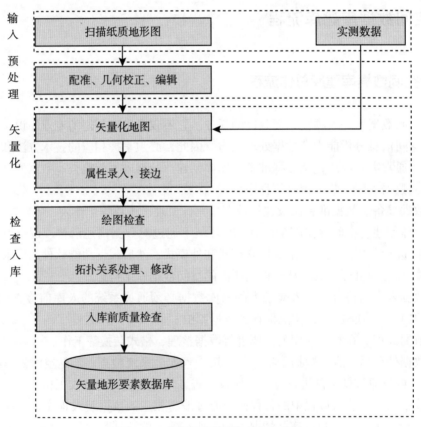

图4.2.1 矢量地形要素建库流程图

（2）遥感影像数据建库流程（见图4.2.2）：遥感数字制图的流程包括遥感图像输入（包括遥感影像数据、航空像片和数字高程数据），影像预处理（涉及的步骤包含几何校正、辐射校正、影像融合、镶嵌、裁剪等），图像识别分类后进行矢量化、属性录入，在质量检查完成后，进行图形输出和数据入库。

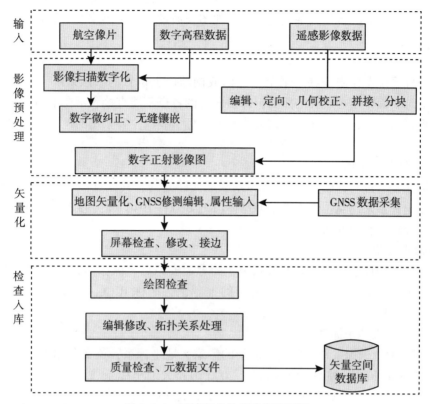

图 4.2.2 遥感影像数据建库流程图

4.3 空间数据采集与处理

地理空间数据是地理信息系统的血液，整个 GIS 工作的开展也是围绕空间数据的采集、处理等进行的。随着地理信息系统应用范围的扩大，建立一个完善、高效的空间数据管理系统就显得非常必要。①

4.3.1 空间数据预处理

在 GIS 项目实施过程中，数据采集往往是首要环节。很多国家各级政府机构都建立了公共数据共享网站以引导用户利用各种数据资源。为了使用公共数据就必须获得元数据并提供与数据有关的资料。在公共数据不可得的情况下，可从纸质地图或者正射摄影数字化中获取数据，或通过卫星图像创建，也可将 GNSS 数据、调查数据、街道地址、具有坐标文本文件等进行变换后获取。这个获取数据的过程中，需要统一空间数据的数学基础，比

---

① 说明：本章演示数据使用了宋小冬、钮心毅等编著的《地理信息系统实习教程》(第三版)中的部分数据以及互联网上的数据资源。

如进行地理配准、投影转换等。所以，数据采集是对已有数据和新增数据进行编辑或编译。由卫星图像建立的新型数字化地图或者地图要通过几何变换才可用于 GIS。

1. 定义投影

地理坐标系统是使用经纬度来定义球面或椭球面上位置的参照系，是一种球面坐标。由于地球表面是不可展开的曲面，即曲面上的各点不能直接表示在平面上，因此必须采用地图投影的方法，将球面坐标转换成平面坐标。我国主要采用的地理坐标包括以下几种：

1) 1954 北京坐标系

该坐标系是通过与苏联 1942 年坐标系联测而建立的，其原点不在北京，而在苏联普尔科沃。该坐标系采用克拉索夫斯基椭球体(Krasovsky-1940)作为参考椭球体，高程系统以 1956 年黄海平均海水面为基准。

2) 1980 西安坐标系

该坐标系大地原点设在西安的永乐镇，简称西安原点。椭球体参数选用 1975 年国际大地测量与地球物理联合会第 16 届大会的推荐值，简称 IUGG-75 地球椭球体参数或 IAG-75 地球椭球体。

3) 2000 国家大地坐标系

2000 国家大地坐标系是我国当前最新的国家大地坐标系，英文名称为 China Geodetic Coordinate System 2000，缩写 CGCS2000。2000 国家大地坐标系属于地心大地坐标系统，该系统以 ITRF97 参考框架为基准，参考框架历元为 2000.0。

4) WGS-84 坐标系

在 GPS 定位中，定位结果使用 WGS-84(世界大地坐标系统)坐标系。该坐标系是利用更高精度的 VLBI、SLR 等成果而建立的。坐标系原点位于地球质心，Z 轴指向 BIH1984.0 协议地极(CTP)。用于 GPS 定位系统的空间数据采用该坐标系。

我国主要采用的地图投影：我国的基本比例尺地形图(1∶500、1∶1000、1∶2000、1∶5000、1∶1 万、1∶2.5 万、1∶5 万、1∶10 万、1∶25 万、1∶50 万、1∶100 万)中，大于等于 1∶50 万的地形图均采用高斯-克吕格投影(Gauss-Kruger)；小于 1∶50 万的地形图采用正轴等角割圆锥投影，又叫兰勃特投影(Lambert ConformalConic)，我国的 GIS 系统中应该采用与我国基本比例尺地形图系列一致的地图投影系统。

所有地理数据集均具有一个用于显示、测量和转换地理数据的坐标系。如果某一数据集的坐标系未知或不正确，可以使用定义投影工具来指定正确的坐标系。定义投影工具是用于坐标系未知或定义错误的数据集，覆盖与数据集一同存储的坐标系信息(地图投影和基准面)。

定义投影工具位于"工具箱"→"数据管理工具"→"投影和变换"→"定义投影"。下面用练习来演示如何定义投影，在 ArcGIS 中，加载"练习数据\ex4_3\定义投影\定义投影.shp"，这时弹出警告，显示"未知的空间参考"对话框(如图 4.3.1 所示)。已知该数据的地理坐标是"Xian_1980"，此时打开"定义投影"工具选择数据集"定义投影"(如图 4.3.2 所示)，再选择需要定义的坐标系，这里地理坐标系选择的是"GCS-Asia-Xian_1980"坐标系，点击"确定"，完成定义投影设置。

4.3 空间数据采集与处理

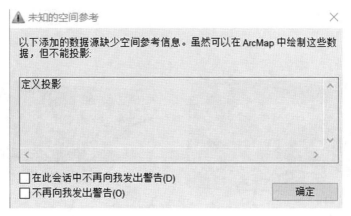

图 4.3.1　未知空间参考

图 4.3.2　定义投影

2. 投影变换

地图投影用于实现将地球表面(椭球面或圆球面)表示在地图平面上。地图投影的实质在于建立地球椭球面和平面之间点的一一对应的函数关系。设地球椭球面上的点用地理坐标(B, L)表示，而平面上的点用直角坐标(X, Y)表示，则由此得到地图投影方程：

$$X = f_1(B, L) \tag{4.1}$$
$$Y = f_2(B, L) \tag{4.2}$$

地图投影不可避免地存在着投影变形。但 GIS 的一个基本原则是：要在一起使用的图层必须在空间上相互匹配，否则就会发生明显错误。如图 4.3.3(a)所示，显然这两张道路图在空间上无法配准在一起。要使跨越州界的道路网互相连接起来，就必须把它们转换

59

成相同的空间参照系统(如图 4.3.3(b)所示)。

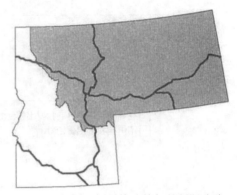

(a)基于不同坐标系统的州际公路连接不上　　(b)基于相同坐标系统连接好的州际公路

图 4.3.3　投影变形

投影变形后一般通过投影变换的方式来处理。投影变换必须已知变换前后的两个空间参考的投影参数,然后利用投影公式的正解和反解算法,推算变化前后两个空间参考系之间点的一一对应函数关系。投影变换的方式有两种：

(1)正解变换：通过建立一种投影变换为另一种投影的严密或近似的解析关系式,直接由一种投影的数字化坐标(x,y)变换到另一种投影的直角坐标(X,Y)。这种方法表达了编图和制图过程的数学实质,同时不同投影之间具有精确的对应关系。

(2)反解变换：即由一种投影的坐标反解出地理坐标$(x,y)\rightarrow(B,L)$,然后再将地理坐标代入另一种投影的坐标公式中$(B,L)\rightarrow(X,Y)$,从而实现由一种投影的坐标到另一种投影坐标的变换$(x,y)\rightarrow(X,Y)$。此投影方法严密,不受制图区域大小的影响。

在 ArcGIS 的数据管理工具里的投影和变换工具集中分为矢量和栅格两种类型的投影变换,其中对栅格数据实施投影变换时,要进行重采样处理。

1)矢量数据投影变换

比较常用的坐标转换数学模型——布尔莎模型有 7 个转换参数,包括三个平移参数、三个旋转参数和一个尺度参数。其中三参数模型是在测量工程中如对精度要求不高时,为了简化计算可以删减一些参数,只保留三个平移参数,即三参数转换模型。七参数模型是当测量范围较大或不同地区测量条件差异较大需分开考虑时,为了保证精度,必须采用七参数转换模型。

矢量数据投影转换分为两种情况：第一种情况,即在同一基准面间转换数据的方法,当将矢量数据从一个坐标系变换到另一个坐标系下时,可以用三度带、六度带之间转换；带号和中央经线之间转换,地理坐标和投影坐标之间转换。第二种情况,即不同基准面的转换,当系统所使用的数据是来自不同地图投影时,需要将一种投影的地理数据转换成另一种投影的地理数据,这就需要进行地图投影变换,主要有三参数和七参数法。

在同一基准面间转换数据：工具位于"工具箱"→"数据管理工具"→"投影和变换"→"要

素"→"投影"。在 ArcGIS 中,加载"练习数据 \ ex4_3 \ 投影变换 \ 投影变换.shp",查询等高线地理坐标为"GCS_Xian_1980",投影坐标为"Xian_1980_3_Degree_GK_Zone_34",带号是 3 度带中 34 号,进行带号和中央经线的转换,根据 3 度带中央经线公式 $L=3N$,计算得中央经线为 102E,使用投影工具将投影转换为使用中央经线 102E 的投影"Xian_1980_3_Degree_GK_CM_102E",投影对话框如图 4.3.4 所示,输出数据集位置可自行确定。

图 4.3.4　矢量数据同一基准面投影转换

不同基准面的转换：在 ArcGIS 中,加载数据"练习数据 \ ex4_3 \ 投影变换 \ 投影变换.shp",需要将等高线矢量图由 1980 西安坐标系转换为 1954 北京坐标系,因两个坐标系属于不同的基准面,利用工具箱中"创建自定义地理坐标转换"工具进行转换。在 ArcToolbox 中双击"数据管理工具"→"投影和变换"→"创建自定义地理(坐标)变换"。选择"三参数(GeoCentric_Translation)",再找三个投影点,计算出参数值,在参数列填入计算出来的参数值,如图 4.3.5 所示。转换地理坐标系后,再参考同一基准面下坐标变换的步骤进行投影转换。

2) 栅格数据投影

栅格数据投影变换工具位于："工具箱"→"数据管理工具"→"投影和变换"→"栅格"→"投影栅格"。

在 ArcGIS 中,加载"练习数据 \ ex4_3 \ 栅格投影变换.img",查询图层数据框属性,投影坐标为"Xian_1980_3_Degree_GK_CM_102E",进行中央经线和带号的转换,计算得带号为 34,使用投影栅格工具将投影转换"Xian_1980_3_Degree_GK_Zone_34",如图 4.3.6 所示,输出栅格数据集位置可自行决定。投影后打开图层属性,查看空间参考信息,如图 4.3.7 所示投影已经转换为"Xian_1980_3_Degree_GK_Zone_34"。

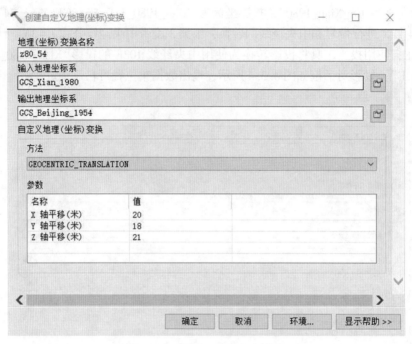

图 4.3.5 自定义地理坐标变换设置

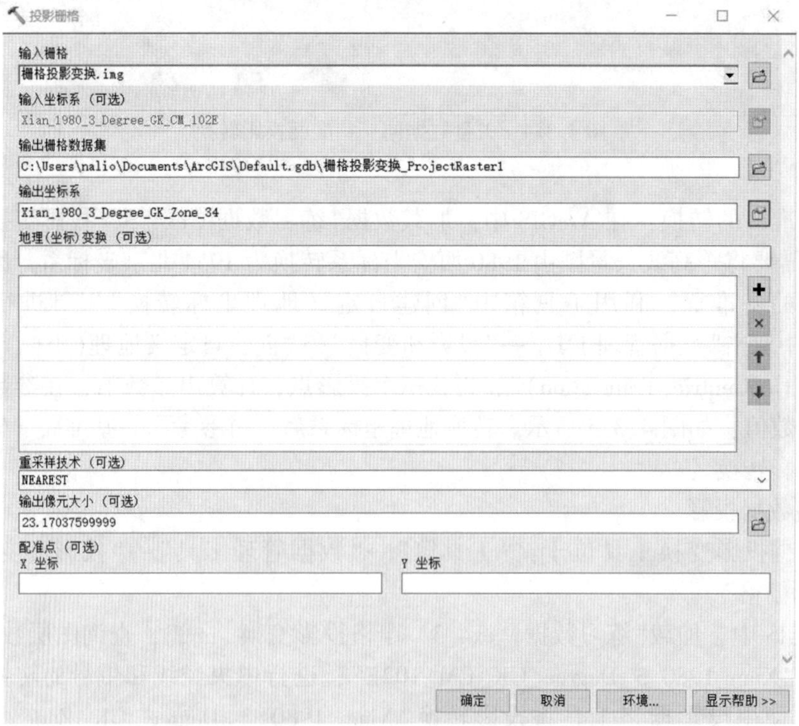

图 4.3.6 栅格投影转换

4.3 空间数据采集与处理

图4.3.7 投影后的空间参考信息

3. 地理配准

对已有纸质或电子版地图，进行地图矢量化时，由于扫描得到的地图数据通常不包含空间参考信息，航片和卫片的位置精度往往较低，需要通过具有较高位置精度的控制点将这些数据匹配到用户指定的地理坐标系中，这个过程称为地理配准。即通过建立数学函数将栅格数据集中各点的位置与标准空间参考系中的已知地理坐标点的位置相连接，从而确定图像中任一点的地理坐标。

地理配准中控制点的选择要遵循以下原则：

（1）变换公式是 n 次多项式，则控制点个数最少为 $(n+1)(n+2)/2$。

（2）选取图像上容易分辨且较精细的特征点；

（3）特征变化大的地区应多选点；

（4）图像边缘处要尽量选点；

（5）尽可能满幅均匀选点。

常见的地理配准方法主要有：

（1）利用已有的矢量数据进行配准，是指使用已有的矢量数据的坐标作为地理配准的参考坐标；

（2）从图上读取坐标进行配准，是指从已有的影像或者地图上读取相应的坐标数据再进行配准；

（3）利用外业控制点坐标进行配准，是指在没有矢量数据可以参考，不能从图上读取坐标的情况下，利用外业已经测得的控制点坐标数据进行配准。

4. 几何校正

几何校正是指利用一系列控制点来建立数学模型，使一个地图坐标系与另一个地图坐标系建立联系,或者使图像坐标与地图坐标建立联系。

在 GIS 项目中,对纸质地图进行扫描输入或矢量化输入时,由纸质变形、矢量化地图定向、矢量化操作及读数易产生误差,由于这些误差的存在,纸质地图各要素的矢量化转换成图不能套合,不同时期工作的成果也不能精确连接,多幅图件不能拼接。数据编辑处理一般只能消除或减少在数字化过程中因操作产生的局部误差或明显差错,但由于图纸变形和数字化过程的随机误差所产生的影响则必须经过几何校正处理。因此在组织地图成图时必须对其进行编辑处理和数据校正,消除成图工作过程产生的误差,以满足工作的需求。

坐标系之间进行几何变换有不同的方法,各种方法的区别在于它所能保留的几何特征,以及允许的变化。从改变位置和方向、统一改变比例尺,到改变形状与大小等都会产生不同的变换结果。常用的几何校正方法有等积变换、相似变换、仿射变换以及投影变换,下面简单介绍这几种变换(图4.3.8)。

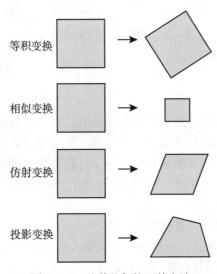

图 4.3.8　几种几何校正的方法

(1)等积变换:允许旋转矩形,保持形状与大小不变。
(2)相似变换:允许旋转矩形,保持形状不变,但是大小改变。
(3)仿射变换:允许矩形角度改变,但保留线的平行(如平行线仍是平行线)。
(4)投影变换:允许角度和长度皆变形,使长方形变换成不规则四边形。

其中,仿射变换可以对坐标数据在 x 和 y 方向进行不同比例的缩放,同时进行旋转、倾斜、平移,如图 4.3.9 所示。

仿射变换的数学表达式为一次线性方程:

$$X = Ax + By + C \tag{4.3}$$

$$Y = Dx + Ey + F \tag{4.4}$$

式中,x 和 y 是已知输入坐标;X 和 Y 是输出坐标;A、B、C、D、E 和 F 是变换系数。

数字化地图和卫星影像都用相同的变换方程式,但是仍然有两点区别:第一,数字化

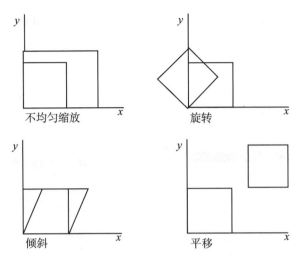

图 4.3.9 仿射变换不均匀缩放、旋转、倾斜和平移

地图用 x 和 y 表示点坐标，而卫星影像是用行和列表示坐标；第二，卫星影像的系数 E 是负数。原因是卫星影像的原点在左上角，而投影坐标系的原点在左下角。

用 ArcGIS 矢量化纸质地图并进行数据的误差校正时，常采用两种方法：一种是先对图像文件进行配准再进行矢量化；另一种是先对图像文件进行矢量化，然后再对矢量数据（或已有矢量数据）进行空间几何校正。下面介绍空间几何校正的步骤：

在 ArcGIS 中，分别加载"练习数据 \ ex4_3 \ 几何校正 \ 54. mdb"中的"XZQ"、"JZD" "JZX"数据，以及"练习数据 \ ex4_3 \ 几何校正 \ 80. mdb"中的"XZQ"数据，为了区别数据，可在图层属性的图层名称中设置图层名称分别为"XZQ_54"和"XZQ_80"，可以看到两份数据位置是不能重叠在一起的，如图 4.3.10 所示，要进行几何校正处理，需要将1954 北京坐标系的矢量数据校正到 1980 西安坐标系。

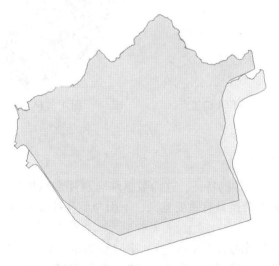

图 4.3.10 几何校正前的数据

打开编辑器工具条，设置 1954 坐标系数据可编辑。使用空间校正工具条上的设置校正数据，在弹出的对话框中，选择"以下图层中的所有要素"，如图 4.3.11 所示。选择校正的方法为"变换–投影"，如图 4.3.12 所示。

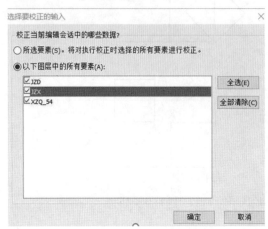 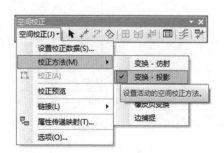

　　图 4.3.11　选择要校正的数据　　　　　　图 4.3.12　选择校正方法

打开捕捉，使用空间校正工具条上的"新建位移链接工具"，建立如图 4.3.13 所示的四个链接点。点击"空间校正工具"→"校正"，完成校正，如图 4.3.14 所示，所选图层都会跟着校正。

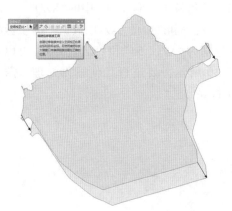 

　　图 4.3.13　新建位移校正链接点　　　　　图 4.3.14　校正后的结果

5. 空间数据格式转换

GIS 空间数据具有多源性的特征，这为数据综合利用和数据共享带来不便，对于 GIS 用户来说，实现多种数据转换具有重要意义，下面介绍几种数据转换的方法。

1）坐标表转点

在 ArcGIS 中，加载"练习数据 \ ex4_3 \ 空间数据格式转换 \ 坐标表转点 \ 学校.xls \ 学校 $"，在内容列表中选择"学校 $"，单击鼠标右键，选择"显示 XY 数据"（如图

4.3.15 所示),在弹出的对话框中将表格字段与 XY 对应,设置 X 字段为:X,Y 字段为:Y,再点击下方的"编辑"按钮,设置地理坐标系为"GCS_Xian_1980",点击"确定"完成设置(如图 4.3.16 所示)。坐标表转点的结果如图 4.3.17 所示。

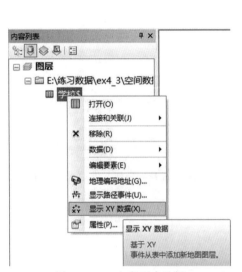

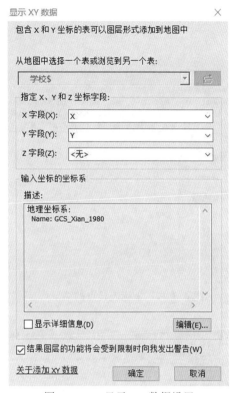

图 4.3.15　内容列表选择　　　　　图 4.3.16　显示 XY 数据设置

2) shp 转 GDB

在 ArcGIS 中,加载数据"练习数据 \ ex4_3 \ 空间数据格式转换 \ shp 转 GDB \ hi_way.shp",将其转为 GDB 数据。首先在目录中,新建文件地理数据库(如图 4.3.18 所示),数据库的保存路径自行确定。然后鼠标右键单击文件地理数据库,选择"导入"→"要素类(单个)"功能(如图 4.3.19 所示),在弹出的对话框输入要素,选择"hi_way",输出位置选择刚刚新建的文件地理数据库,输出要素自行命名,点击"确定"后(如图 4.3.20 所示),就可以查看文件地理数据库中的要素。

3) CAD 转 GDB

在 ArcGIS 中,将 CAD 数据"练习数据 \ ex4_3 \ 空间数据格式转换 \ CAD 转 GDB \ 土地.dwg",转为 GDB 数据。在目录下,鼠标右键点击"土地.dwg",在弹出的右键菜单中选择"转出至地理数据库(批量)",如图 4.3.21 所示。在弹出的对话框中进行设置,输入要素会默认是"土地.dwg"中所有的要素类,输出地理数据库则自行新建文件地理数据库进行保存,如图 4.3.22 所示,最后点击"确定",就可以查看文件地理数据库中的数据。

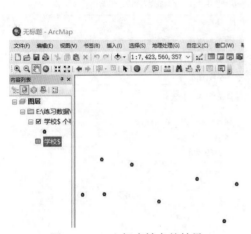

图 4.3.17　坐标表转点的结果

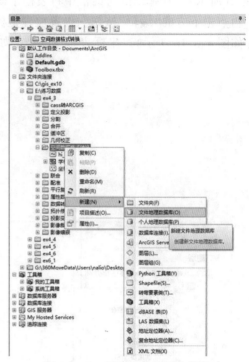

图 4.3.18　新建文件地理数据库

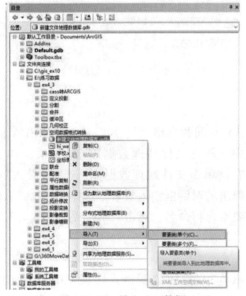

图 4.3.19　导入 shp 数据

图 4.3.20　导入要素类设置

4) KML 转 GDB

在 ArcGIS 中，将 KML 数据"练习数据 \ ex4_3 \ 空间数据格式转换 \ KML 转 GDB 正射范围 1.kml"转为 GDB 数据。首先打开工具箱，选择"转换工具-由 KML 转出-KML 转图

4.3 空间数据采集与处理

图 4.3.21　CAD 转出至地理数据库

图 4.3.22　CAD 转出至地理数据库设置

层"工具，此工具将会把 KML 格式的数据，转换到 GDB 的数据集中，数据的展现符号化等信息存储在同名的图层文件(.lyr)中，然后在弹出的对话框中只需要输入 KML 文件"正射范围 1.kml"，自行给定输出位置的文件夹和输出名称，设置如图 4.3.23 所示，最后点击"确定"即可查看转换后的数据。

69

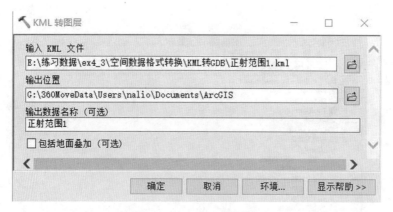

图 4.3.23 KML 转图层

4.3.2 空间数据采集与编辑

数据编辑是提高数据质量，纠正数据错误的重要手段，包括矢量数据编辑和属性数据编辑。

1. 矢量数据编辑

矢量数据的编辑主要是针对图形的操作，包括平行复制、缓冲区生成、图层合并、节点操作、拓扑编辑等。

1) 平行复制

"平行复制"用于在指定距离处创建所选线的副本。可以选择将新线复制到所选线的左侧、右侧或两侧。例如，可以使用"平行复制"命令来创建与道路平行的街道中心线或天然气管线。

在 ArcGIS 中，打开地图数据："练习数据 \ ex4_3 \ 空间数据编辑 \ 矢量数据编辑 \ 平行复制 \ 平行复制 .mxd"，用测量工具量取道路的宽度，本次要绘制的道路宽为 4.7 米，然后设置"daolu"数据层可编辑，选择要复制的道路边线，点击"在编辑器工具条"→"平行复制"，如图 4.3.24 所示，然后在弹出的对话框中，输入距离、方向、拐角类型等，如图 4.3.25 所示。

2) 缓冲区

在 ArcGIS 中，打开地图数据："练习数据 \ ex4_3 \ 空间数据编辑 \ 矢量数据编辑 \ 缓冲区 \ 缓冲区 .mxd"，选择要生成缓冲区的线要素，点击"编辑器"→"缓冲区"，然后在弹出的 Distance 文本框中输入缓冲区的距离："2.35 米"，点击"确定"，结果如图 4.3.26 所示。

3) 要素合并

ArcMap 中要素空间合并分为合并和联合。

（1）合并：可以完成同层要素(线或多边形)空间合并，无论要素相邻还是分离，都可以合并成一个新要素，新要素一旦生成，原来的要素自动被删除，属性会保留下来。

4.3 空间数据采集与处理

图 4.3.24 平行复制

图 4.3.25 平行复制设置

图 4.3.26 缓冲区

在 ArcGIS 中，打开地图数据"练习数据 \ ex4_3 \ 空间数据编辑 \ 矢量数据编辑 \ 合并 \ 合并 . mxd"，如图 4.3.27 所示，选择要合并的多个要素，选择"编辑器"→"合并"→"选择合并到某要素"命令，如图 4.3.28 所示，合并后属性将和选择合并的要素一致。

（2）联合：可以实现不同层要素（线或多边形）空间合并，无论要素相邻还是分离，都可以合并成一个新要素，原来的要素不会被删除。

在 ArcGIS 中，打开地图数据"练习数据 \ ex4_3 \ 空间数据编辑 \ 矢量数据编辑 \ 联合 \ 联合 . mxd"，使"lots"数据层可编辑，如图 4.3.29 所示，首先选择要合并的要素，再点击"编辑器"→"联合"，然后选择合并到某要素，联合后新要素属性将为空，如图 4.3.30 所示。

4）要素分割操作

ArcMap 要素编辑工具可以分割线要素和多边形要素，分割后线要素/多边形要素的属性值是分割前属性值的复制。

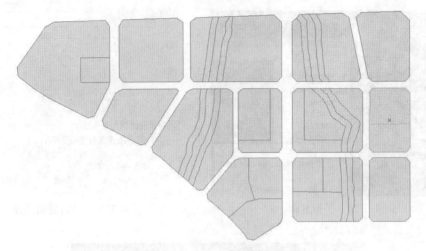

图 4.3.27 选择合并要素

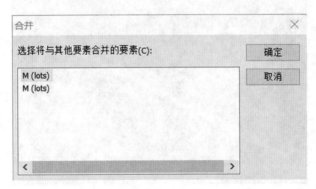

图 4.3.28 合并

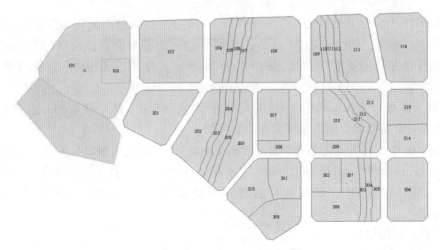

图 4.3.29 选择要联合的要素

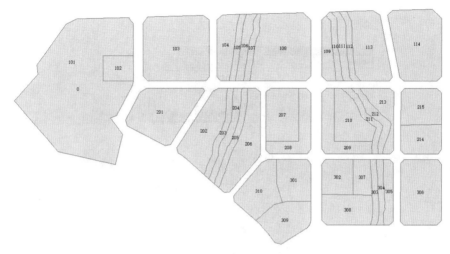

图 4.3.30 联合后的新要素

(1)线要素分割。

①任意点分割线要素。首先选择需要分割的线要素,再点击"编辑器"→"构造点",可以按点的数量或者点的距离来设置分割线,如图 4.3.31 所示。

②按长度分割线要素。选择需要分割的线要素,再点击"编辑器"→"分割",如图 4.3.32 所示,在分割对话框中会显示所选线要素的长度,并提供两种按长度分割线要素的方式:按长度距离分割、分成相等的部分、按长度百分比分割和按测量分割。在下面的"方向"设置中,选择分割方向。

图 4.3.31 构造点分割线

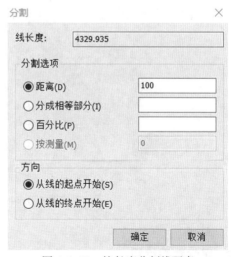

图 4.3.32 按长度分割线要素

(2)多边形要素分割。

选择需要分割的多边形要素,单击"裁剪面工具",直接绘制分割曲线,注意分割曲线应该与面要素相交,双击鼠标左键结束分割曲线的绘制,如图 4.3.33 所示。

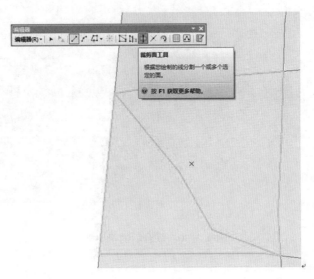

图 4.3.33　多边形要素分割

5)要素节点编辑

无论线要素还是面要素,都由若干节点组成。选择要编辑的要素,单击鼠标右键,选择"编辑节点",如图 4.3.34 所示,在编辑节点工具中,可以选择添加节点、删除节点、移动节点等。

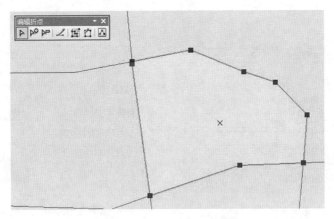

图 4.3.34　要素节点编辑

2. 属性数据编辑

GIS 项目中既涉及空间数据,也涉及属性数据。空间数据和空间要素几何相关,属性数据描述空间要素特征。空间数据和属性数据在矢量要素上被较好地区分开来了。

地理关系数据库模型(如 shapefile)分开存储空间数据和属性数据。shapefile 文件的数据表存储在 dBASE 格式文件中,并且包含链接空间及其属性数据的唯一要素识别码(FID)。

在 ArcGIS 中，打开“练习数据 \ ex4_3 \ 空间数据编辑 \ 属性数据编辑 \ 属性数据编辑 . mxd”，单击鼠标右键，打开“lots. shp”属性表，如图 4.3.35 所示的属性数据，如面积(AREA)、周长(PERIMETER)和土地利用类型(LANDUSE)都与空间数据文件中的每个地块相对应。两者由要素 ID 码来相互关联从而达到同步化，使得两种数据都可以一起进行查询、分析和显示。

土地使用

FID	Shape *	LOTS_ID	AREA	PERIMETER	LANDUSE
11	面	103	44811.19	815.8235	C2
21	面	208	12411.67	690.6282	C2
22	面	209	13247.16	737.915	C2
5	面	108	38783.72	777.446	C3
9	面	104	11958.74	527.3989	C3

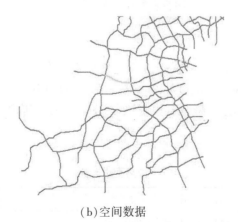

(a)属性数据

(b)空间数据

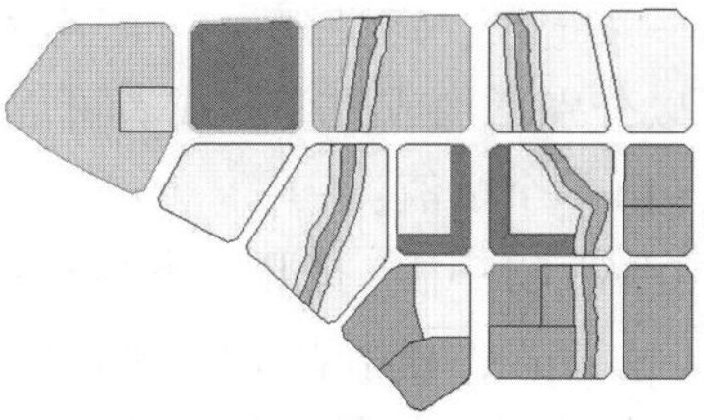

图 4.3.35　shapefile 数据中属性数据与空间数据相关联

面向对象数据模型(如 geodatabase)把空间数据和属性数据结合在一个系统中，每个空间要素有唯一的目标 ID 码(OBJECTID)和属性数据来存储它的几何特征。

在 ArcGIS 中，打开“练习数据 \ ex4_3 \ 空间数据编辑 \ 属性数据编辑 \ gdb_hiway. gdb \ daolu”，选中一条道路，单击鼠标右键打开“daolu”属性表，如图 4.3.36 所示，面向对象数据模型用字段 Shape 存储道路的几何特征。尽管这两种数据模型存储空间数据的方式不同，但都是在同样的关系数据库环境中运行的。

OBJECTID *	Shape *	RD_NAME	CLASS	VOLUMN	Shape_Length	HI_WAY_ID
1	折线	共盛路	B	1600	4683.405917	307
2	折线		C	760	8493.133497	417
3	折线		D	678	1099.82032	505
4	折线		C	779	4613.674957	435
5	折线		C	760	9320.663185	417
6	折线	宝昌路	A	2271	6334.882185	201

(a)属性数据

(b)空间数据

图 4.3.36　geodatabase 数据中属性与空间数据相关联

ArcMap 下地理数据的编辑不仅能编辑几何信息，还能编辑它的属性信息。一般属性表同时含有系统预设部分字段和用户定制字段且执行编辑只允许用户定制。根据元素是否已建立，可以调用各种工具来完成对属性信息的增加、修改或者删除操作。

当需要进行编辑的地理数据的矢量图形数据已经存在并且不需要更改时，在 ArcMap 中，我们可以利用属性表窗口对要素的属性信息进行添加、修改或删除等编辑操作。GIS 数据中所蕴含的所有属性信息均记录于表格中。各表基本结构一致，由行和列组成，定义行为一条记录，定义列为一个字段，它们之间的交点就是一个要素的某个属性。表的属性值可以分别增加或改变，或者可以批量改变赋值。

(1)单个赋值：

在 ArcGIS 中，打开以下数据："练习数据 \ ex4_3 \ 空间数据编辑 \ 属性数据编辑 \ townshp. shp"，利用表窗口为单个要素添加或修改属性值。具体步骤如下：

①调出编辑工具，如图 4. 3. 37 所示，在编辑工具条下拉菜单中选择"开启编辑"；

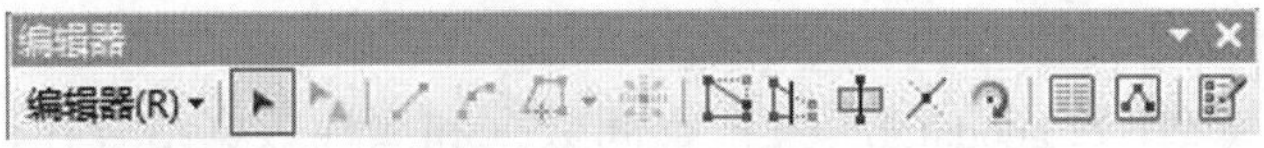

图 4. 3. 37　编辑工具

②用鼠标右键单击要编辑的图层，选择"打开属性表"；

③找到需要添加或修改的字段以及对应的记录，手动输入单个属性值，如图 4. 3. 38 所示。

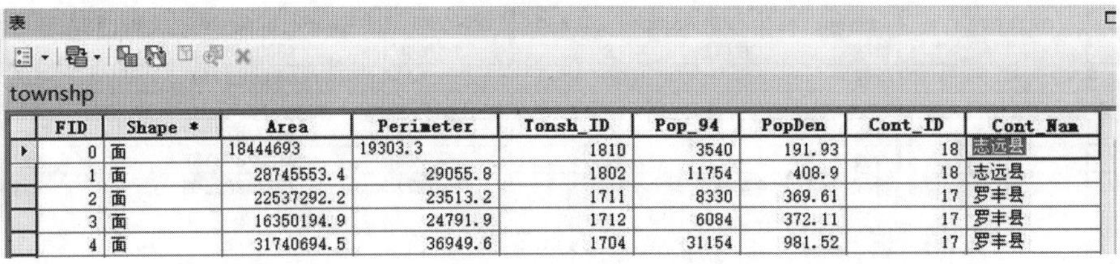

FID	Shape *	Area	Perimeter	Tonsh_ID	Pop_94	PopDen	Cont_ID	Cont_Nam
0	面	18444693	19303.3	1810	3540	191.93	18	志远县
1	面	28745553.4	29055.8	1802	11754	408.9	18	志远县
2	面	22537292.2	23513.2	1711	8330	369.61	17	罗丰县
3	面	16350194.9	24791.9	1712	6084	372.11	17	罗丰县
4	面	31740694.5	36949.6	1704	31154	981.52	17	罗丰县

图 4. 3. 38　表窗口单个赋值

(2)批量赋值：

赋值功能中常用 Number、String、Date 运算函数。在不动产、农经权等项目中，常用函数的命令有 Left，Right，Mid，Len 等。在实际项目应用中，比如：Left 命令可以提取身份证前 6 位县域代码。Right 命令可以提取身份证编码后四位。常用命令详细说明见表 4. 3. 1~表 4. 3. 3。

表 4. 3. 1　**常用文本函数**

关键字	说　明	示　例
String	两个参数 string(数目，字符串)返回，输入数个重复的字符串第一个字符	string(4,"GIS")返回"GGGG"

续表

关键字	说　明	示　例
Len	确定字符串的长度(以字符为单位)	Len("ArcGIS")返回 6
Right	返回字符串右部指定个数的字符	Right("450203198804151029",4)返回"1029"
Left	返回字符串左部指定个数的字符	Left("450203198804151029",6)返回"450203"
Mid	从某一指定起始点开始返回字符串中指定个数的字符	Mid("ESRI ArcGIS",6,3)返回"Arc"

表 4.3.2　　　　　　　　　　　　　常用数值函数

关　键　字	说　明
Abs(n)	返回 n 的绝对值
Str(n)	把数值转换成字符串
Val(n)	把字符串转换为数值
Int(n)	返回数字的整数部分
Fix(n)	返回数字的整数部分

注：Int 和 Fix 都是移除 number 的小数部分而返回得到的整数值。Int 和 Fix 函数的区别在于如果 number 参数为负数，则 Int 函数返回小于或等于 number 的第一个负整数，而 Fix 函数返回大于或等于 number 参数的第一个负整数。例如，Int 将 -8.4 转换成 -9，而 Fix 将 -8.4 转换成 -8。

表 4.3.3　　　　　　　　　　　　　常用日期函数

关　键　字	说　明
Date	获取日期
DateAdd	返回一个 Date 值，其中包含已添加指定时间间隔的日期和时间值
DateDiff	两个日期之间存在的指定时间间隔的数目
DatePart	用于计算日期并返回指定的时间间隔
Now	获取日期+时间

利用"字段计算器"进行批量赋值，前提条件是两个字段的字段属性必须遵循一定的规则(短整型、长整型、双精度、单精度都可向文本复制，但是文本则无法复制到数值中)。

在 ArcGIS 中，打开"练习数据 \ ex4_3 \ 空间数据编辑 \ 属性数据编辑 \ townshp. shp"，利用"字段计算器"批量计算人口密度，并赋值。具体步骤如下：

①鼠标右键单击要编辑的图层，选择"打开属性表"；

②鼠标右键单击需要添加或修改的字段名，选择"字段计算器"；

③在"字段计算器"对话框中，既可以直接在表达式文本框中输入较简单的表达式，如图4.3.39所示，也可以利用 VB 脚本语言或 Python 语言编写语句，在代码框中输入较为复杂的表达式以执行高级计算；

④点击"确定"后，可在属性表中查看计算结果。

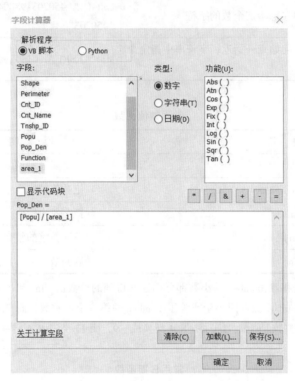

图4.3.39　在"字段计算器"对话框中计算人口密度

（3）计算几何：

ArcGIS 中"计算几何"功能可以访问图层的要素几何。使用"计算几何"在要素图层的属性表中可以很容易地计算面积、周长、3D 周长、长度、3D 长度、质心坐标、点坐标、最小和最大 z 值或起点、中点和终点坐标。仅当对所使用的坐标系进行投影时，才能计算要素的面积、长度或周长。如果数据源和数据框的坐标系不同，那么使用数据框坐标系所计算的几何结果就可能与使用数据源坐标系所计算的几何结果不同。在计算面积时，建议使用等积投影。仅当要素含有 z 值时，才能计算 z 坐标值或 3D 测量值。执行计算时，可以使用数据源或数据框的坐标系。此外，如果当前选择了一条或多条记录，则仅计算所选记录。

在 ArcGIS 中，首先打开"练习数据 \ ex4_3 \ 空间数据编辑 \ 属性数据编辑 \ gdb_hiway.gdb \ daolu"，打开"daolu"属性表，添加一个字段为双精度类型，用于保存线要素的长度信息，命名为"daolu_len"（如图4.3.40所示）。然后，单击鼠标右键，选择新建好的字段名称，选择"计算几何"。其次，在弹出的"计算几何"窗口中选择要计算的

"属性"→"长度",选择坐标系、单位,最后点击"确定",如图 4.3.41 所示。

图 4.3.40　添加字段　　　　　　图 4.3.41　计算长度

(4)添加 XY 坐标:

在 ArcGIS 中,在属性表中添加 XY 字段后,用"计算几何"功能实现。首先,打开"练习数据\ex4_3\空间数据编辑\属性数据编辑\scho.shp",打开"scho"属性表,添加两个字段为双精度类型,用于保存点的 X 坐标和 Y 坐标,分别命名为"X"和"Y"。然后,单击鼠标右键,选择新建好的字段名称,再选择"计算几何"。其次,在弹出的"计算几何"窗口中选择我们要计算的"属性",再选择"点的 X 坐标(或点的 Y 坐标)",选择坐标系、单位,最后点击"确定",如图 4.3.42 所示。

图 4.3.42　计算几何功能添加坐标

(5)排序工具:

根据一个或多个字段对要素类或表中的记录按升序或降序进行重新排列。重新排序的结果将被写入新数据集中。排序工具可对要素执行属性字段排序和空间排序。执行空间排序之后，会提高空间或几何运算的效率。

①属性字段排序：首先，打开“练习数据 \ ex4_3 \ 空间数据编辑 \ 属性数据编辑 \ gdb_hiway. gdb \ daolu”进行属性字段排序，使用工具箱中“数据管理”→“常规”→“排序工具”，如图 4.3.43 所示。然后，在“daolu”数据集中，选择“HI_WAY_ID”和“Shape_Length”作为排序字段，输出数据集位置自行决定，排序结果如图 4.3.44 所示，属性表中的记录会先按道路 ID 升序进行排序，再按道路长度进行升序排列。

图 4.3.43　“排序工具”—“属性”字段排序

表

daolu_Sort1

OBJECTID *	Shape *	LENGTH	HI_WAY_ID	RD_NAME	CLASS	VOLUMN	Shape_Length
1	折线	1395.592	201	宝昌路	A	2271	1395.586708
2	折线	1991.823	201	宝昌路	A	2271	1991.827183
3	折线	2166.404	201	宝昌路	A	2271	2166.407304
4	折线	3074.282	201	宝昌路	A	2271	3074.277993
5	折线	3531.534	201	宝昌路	A	2271	3531.536747
6	折线	3585.31	201	宝昌路	A	2271	3585.307629
7	折线	4980.809	201	宝昌路	A	2271	4980.805202
8	折线	5566.525	201	宝昌路	A	2271	5566.523789
9	折线	6334.883	201	宝昌路	A	2271	6334.882185
10	折线	1650.065	202	董昌路	A	2706	1650.066503
11	折线	3502.574	202	董昌路	A	2706	3502.573921
12	折线	5080.866	202	董昌路	A	2706	5080.865714
13	折线	5219.475	202	董昌路	A	2706	5219.472955
14	折线	8240.7	202	董昌路	A	2706	8240.699049
15	折线	12896.833	202	董昌路	A	2706	12896.832636
16	折线	17960.372	202	董昌路	A	2706	17960.369099
17	折线	2054.483	203	朝阳路	A	2978	2054.4843
18	折线	2154.434	203	朝阳路	A	2978	2154.430185
19	折线	2591.274	203	朝阳路	A	2978	2591.274799
20	折线	3460.821	203	朝阳路	A	2978	3460.817939
21	折线	3584.119	203	朝阳路	A	2978	3584.119212
22	折线	3798.657	203	朝阳路	A	2978	3798.657019
23	折线	4030.707	203	朝阳路	A	2978	4030.705999
24	折线	5257.336	203	朝阳路	A	2978	5257.336038
25	折线	5759.269	203	朝阳路	A	2978	5759.269177
26	折线	8326.129	203	朝阳路	A	2978	8326.129655
27	折线	1196.309	204	同辉路	A	2534	1196.308266
28	折线	1365.733	204	同辉路	A	2534	1365.734006
29	折线	1870.518	204	同辉路	A	2534	1870.519961
30	折线	3597.76	204	同辉路	A	2534	3597.760688
31	折线	4950.981	204	同辉路	A	2534	4950.978909
32	折线	5372.268	204	同辉路	A	2534	5372.269104

图 4.3.44　完成排序的属性表

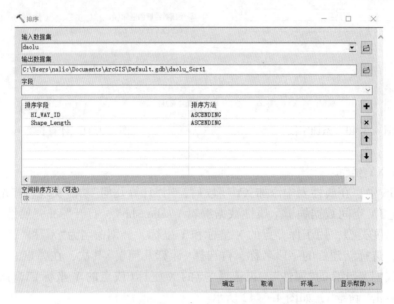

②空间排序：要对要素进行空间排序，即按位置进行排序，必须在字段参数中选择Shape 选项。选择 Shape 字段将启用带有五个下拉选项的空间排序方法参数，用于设置排序算法。这些选项分别为"UL""UR""LL""LR"和"PEANO"。"UL"选项表示起点在左上角，会从左上角开始扫描，首先选择顶部要素，而后从上到下进行扫描，扫描过程中，如果有两个或更多要素位于同一水平线上，则会按从左到右的顺序继续排序。如果选择的是"UR"选项，则从右上角开始排序，要素顺序与"LL"相反。"LL"表示起点在左下角，从左下角开始扫描；而"LR"表示起点在右下角，从右下角开始扫描；"PEANO"选项使用皮亚诺曲线算法。此算法可先访问较小邻域的所有位置，然后移动到下一邻域。

③ArcGIS 空间排序：打开"练习数据\ex4_3\空间数据编辑\属性数据编辑\宗地.shp"进行空间排序，如图 4.3.45 所示，首先把"OBJECTID"作为标注字段，对比排序前后空间要素的编号情况。使用排序工具，输入"宗地"数据集，字段选择"Shape"字段作为排序字段，按照升序进行，排序方法选择"UL"，标注"OBJECTID_1"。对比排序前(图4.3.46)和排序后的宗地编号(图 4.3.47)区别。

图 4.3.45 排序工具—空间排序

3. 影像裁剪

在处理影像数据时，经常遇到需要将一幅影像裁剪成一幅或多幅的情况，此时可以应用 ArcGIS 软件所带的工具进行相对简单的裁剪。在 ArcGIS 中，影像裁剪有两种方法：按掩膜提取和裁剪工具，下面就简单介绍这两种方法。

1)方法一：按掩膜提取

(1)加载数据：在 ArcGIS 中，加载数据"练习数据\ex4_3\影像裁剪\newdem.tif 和××县.shp"。

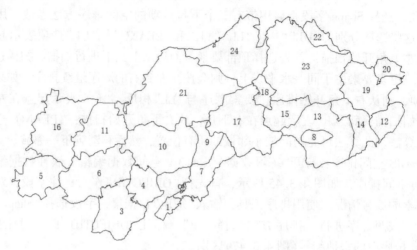

图 4.3.46　宗地数据排序前的顺序

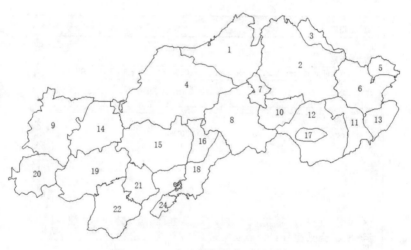

图 4.3.47　宗地数据排序后的顺序

（2）在工具箱中，打开"Spaptial Analyst"工具→"提取分析"→"按掩膜提取工具"，如图 4.3.48 所示。

（3）输入栅格数据和掩膜数据，选择输出结果保存的路径，参数设置如图 4.3.49 所示，点击确定。

2）方法二：裁剪工具

（1）加载数据。在 ArcGIS 中，加载数据"练习数据 \ ex4_3 \ 影像裁剪 \ newdem.tif 和"××县.shp"。

（2）打开工具箱，选择"数据管理工具→栅格→栅格处理→裁剪"。

（3）在弹出的裁剪工具对话框中，如图 4.3.50 所示，输入要裁剪的栅格数据，输出的范围设置为用于裁剪的矢量图层，勾选"使用输入要素裁剪几何"复选框，设置输出结果保存的路径，点击"确定"。

4.3 空间数据采集与处理

图 4.3.48 "按掩膜提取"工具

图 4.3.49 按掩膜裁剪设置

4. 影像镶嵌

影像镶嵌就是把几个影像镶嵌（或合并）成一个影像过程。ArcGIS 中的"镶嵌至新栅格（Mosaic To New Raster）"工具，能够把几个影像镶嵌成一个影像，镶嵌至新栅格前的数据可以删除，镶嵌至新栅格后的数据正常打开使用。镶嵌至新栅格和镶嵌（Mosaic）的区别

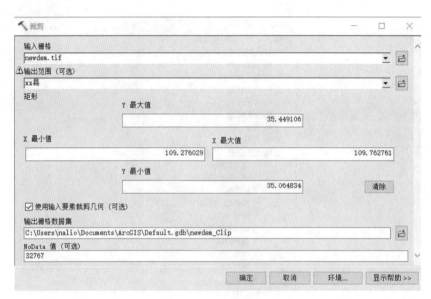

图 4.3.50　栅格裁剪工具设置

是：前者生成一个新的影像，后者则是把多个输入影像镶嵌到现有影像数据中。

下面通过一个实例来讲解。影像镶嵌的具体步骤。

（1）加载数据。在 ArcGIS 中，加载栅格数据"练习数据 \ ex4_3 \ 影像镶嵌 \ G47G068069DOM.tif 和 G47G068070DOM.tif"，如图 4.3.51 所示。

图 4.3.51　影像镶嵌前的原图

（2）查看源数据属性。选择源数据图层，单击鼠标右键，选择"属性"，在图层属性对话框中，查看源选项卡，如图 4.3.52 所示，这里显示源数据的信息，比如像素深度，也就是量化位数是 8 位；波段数为 3。因此，在后面操作中设置"镶嵌至新栅格"工具的时候，一定要注意跟源数据保持一致。

（3）镶嵌至新栅格工具。打开工具箱，选择"数据管理工具"→"栅格"→"镶嵌至新栅格"。

（4）参数设置。在弹出的"输入栅格"对话框中，首先输入需要镶嵌的栅格，设置镶嵌

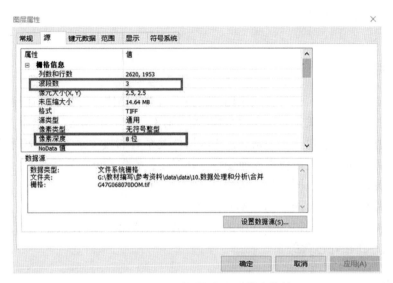

图 4.3.52 图层属性中查看像素位数

后新的栅格结果保存的路径和名称,然后其他设置参数如图 4.3.53 所示,最后点击"确定"。

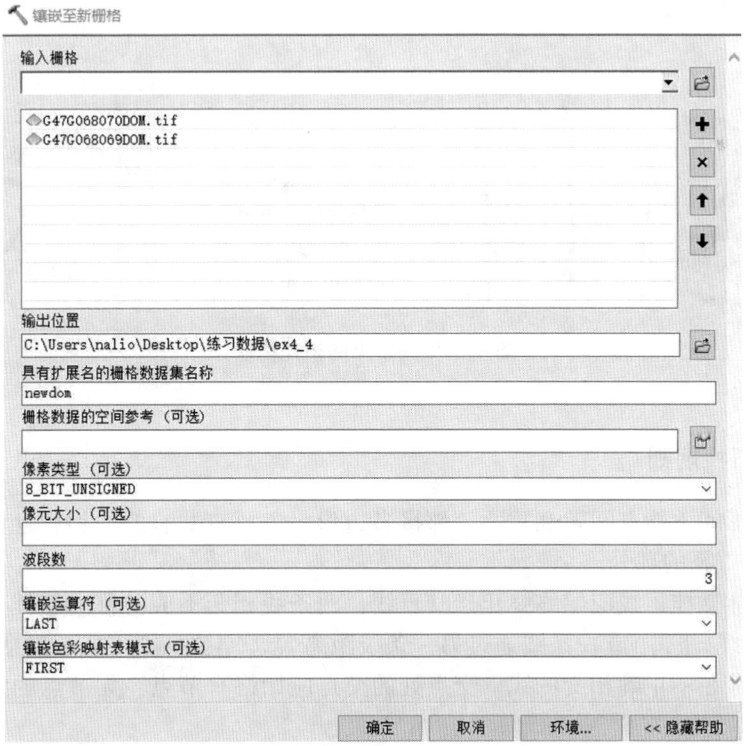

图 4.3.53 镶嵌至新栅格参数设置

4.3.3 拓扑检查及编辑

1. 拓扑关系

地图数据是以点、线、面等方式采用编码技术对空间物体进行特征描述及在物体间建立相互联系的数据集。拓扑关系是指在网结构(如交通网、境界线网等)元素中,节点、弧度、面域之间的邻接、关联、包含等关系。常用的拓扑关系有邻接关系、关联关系和包含关系。若引用拓扑关系表示,则无论投影如何变化,其邻接、关联、包含关系都不会改变。

(1)邻接关系:存在于同类型元素之间。

(2)关联关系:存在于同一图上不同类型之间。

(3)包含关系:面域同包含于其中的点、弧度、面域的对应关系。当面域和其他元素交织在一起则存在拓扑包含关系。

2. 拓扑错误

拓扑是指规则和关系的集合再加上一系列的工具和技术,旨在揭示地理空间中的地理几何关系。拓扑考虑各要素彼此之间如何空间相关。我们对空间数据进行编辑时,编辑过程的主要目标还包括维护这些要素的逻辑一致性,换句话说,就是要确保这些要素不存在几何错误,并且要素间的拓扑关系足够满足应用目标。图4.3.54 显示了编辑过程中需要避免的一些拓扑错误。

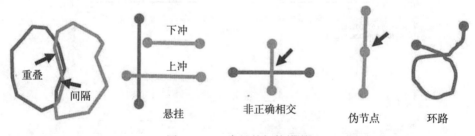

图 4.3.54 常见的拓扑错误

3. 基本拓扑规则

(1)多边形间不能有间隙和重叠。邻接多边形一定要有共有的边界,且邻接多边形间不存在间隙和重叠的部分。

(2)线不能悬挂。线应始终终止于其直线,两条线相交不成功称为悬挂。一条线若未充分触及另一线(下冲)或一条线通过另一条线距离太远(上冲)则可能形成悬挂。

(3)不能存在不正确相交的线。交点处的交点应始终有节点,无节点的线段通过叫作非正确相交。

(4)不能存在伪节点。节点应只出现在3条或者3条以上线段的交叉点上,仅有2条线段在交叉点上的节点叫作"伪节点"。

(5)线或多边形的边界不能越过其本身,构成环路。
(6)不得复制点、线、多边形副本。

以实际应用中的地籍测量成果为例:地籍数据采集方式主要以外业实测为主,但由于测量误差的存在,导致在地籍数据入库的时候,产生许多逻辑错误。例如:在地籍调查中,建筑物应该隶属于某个宗地,当建筑物超出宗地范围就视为错误;界址点必须在界址线上,规则对应为界址点必须被界址线覆盖;宗地存在重叠或缝隙,等等。常见的地籍中对应的拓扑检查规则如表4.3.4所示。

表4.3.4 地籍应用中常见的拓扑规则

应用场景	要 求	拓扑规则
界址点	界址点必须在界址线上	必须被其他要素覆盖
道路线	线的端点要和其他相连	不能有悬挂点
宗地、行政区域	宗地或者行政区不允许重叠或留空。	面不能重叠、面不能有缝隙
建筑物要位于宗地内部	建筑物隶属于某个宗地	必须被其他要素类覆盖/必须被其他要素覆盖

4. 拓扑检查

拓扑检查,指的是根据相应的拓扑规则对点、线和面数据进行检查,返回不符合规则的对象操作。

利用 ArcGIS 进入拓扑检查时,要素图层需存放于数据集中,如果需要检查的数据为 Shapefile 格式,则需要将其导入 mdb 格式的个人地理数据库中或 gdb 格式的文件地理数据库中。下面通过简单的例子介绍 ArcGIS 软件中,建立拓扑规则,并进行拓扑检查。

(1)建立拓扑。在 ArcGIS 目录中,加载数据"练习数据\ex4_3\拓扑修改\line.gdb\line",右击要素数据集 XIAN,选择"新建"→"拓扑"。在弹出的窗口中,设置容差值为 0.05 米,选择参与拓扑的要素类,如图4.3.55所示,指定拓扑规则,如图4.3.56所示,确定后立即验证拓扑规则,把新建的拓扑和要素加入地图窗口。

(2)拓扑检查。打开编辑器工具条,将图层设置为可编辑状态。在 ArcMap 上方工具栏选择"自定义"→"工具条"→"拓扑",打开拓扑工具条,如图4.3.57所示。

点击拓扑工具条上"错误检查器"按钮,如图4.3.58所示,查询出来的全部错误有2个,需要进行拓扑编辑改正。

5. 拓扑编辑

拓扑编辑确保拓扑错误的消除。执行拓扑编辑,我们必须使用能够检测和显示拓扑错误并有工具来除去错误的 GIS 软件。下面就以带有拓扑规则的 ArcGIS 软件作为说明拓扑编辑的例子,其他 GIS 软件包也有类似的修复拓扑错误的功能。

1)ArcGIS 中拓扑编辑准备

图 4.3.55 选择要参与拓扑的要素

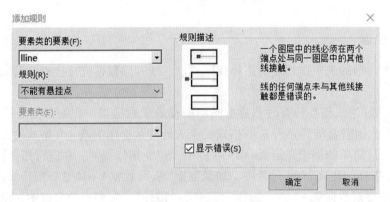

图 4.3.56 指定拓扑规则

图 4.3.57 拓扑工具条

单击拓扑工具条上的地图拓扑，选择参与拓扑编辑的数据层，并设置拓扑容差，完成基本设置。(注：当两个相邻的要素小于某个给定的限值时，两个要素将聚合为一个要素，将共享同一坐标，这个限定值就是拓扑容差。拓扑容差的大小对数据检查和数据修改有较大的影响，但是容差值需要根据实际需要进行设置。容差过大，会引起要素坐标相互重叠，从而影响制图精度；容差过小，可能对正确整理重叠边界等操作产生不良影响。通常来说，默认的拓扑容差值是 0.001。)

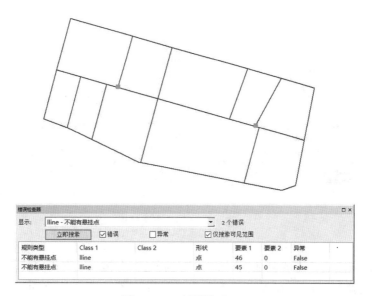

图 4.3.58　错误检查

单击编辑器工具条，点击下拉菜单，点击捕捉工具条。再分别点击相应按钮，完成点、端点、折点、边等要素的捕捉设置，至此，已完成拓扑编辑的所有准备工作。

2）常见的几种拓扑错误编辑修改

（1）悬挂点：在 ArcGIS 目录中，打开上一步建立的"line.gdb"中的拓扑，在错误检查器中鼠标右键单击错误处，选择"缩放到"，可以看到错误在图上的位置，道路除了死路，其余道路都要连接到其他道路。如果线过长，可以"修剪"工具；如果线多余，可以删除多余的线；如果线过短，可以用"延伸"工具。如图 4.3.59 中的错误是线过短，右击错误处，选择"延伸"进行修改。图 4.3.60 中的错误则是多了一条线，选择多余的线进行删除操作。

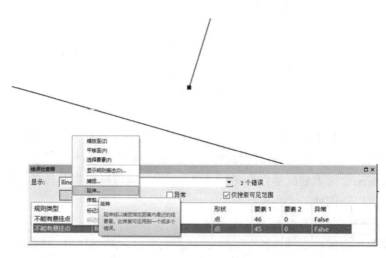

图 4.3.59　线过短错误

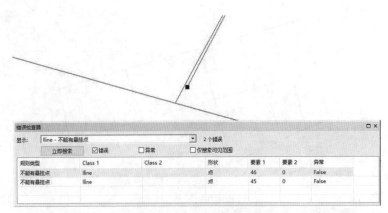

图 4.3.60 线多余错误

修改完错误之后,需要验证编辑的地方是否还存在错误。在内容列表中,鼠标右键单击"拓扑",选择"属性",在弹出的窗口中,设置脏区,再点击"确定",如图 4.3.61 所示。在地图窗口中,之前编辑的地方会显示脏区,如图 4.3.62 所示。

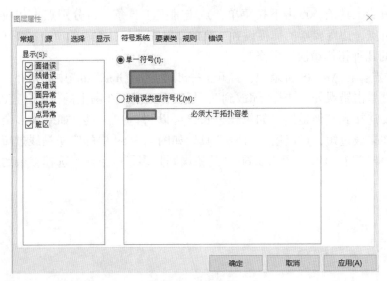

图 4.3.61 脏区设置

(2)面重叠:在 ArcGIS 目录中,连接数据"练习数据 \ ex4_3 \ 拓扑修改 \ DJ.mdb",加载拓扑数据"ZD_Topology",打开错误检查器,在显示栏里选择"不能重叠",并立即搜索错误,显示有一个面重叠的错误,如图 4.3.63 所示。可以根据具体的实际情况进行修改,修改方法有以下四种:

①可以直接修改要素节点去除重叠部分。

②在错误处单击鼠标右键选择"合并",将重叠部分合并到其中一个面里。

③在错误处单击鼠标右键选择"创建要素",将重叠部分生成一个新的要素,然后利用编辑器下的"合并"功能,把生成的面合并到相邻的一个面里。

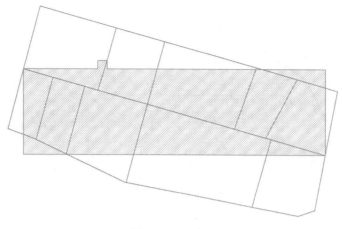

图 4.3.62 脏区

④利用编辑器下的"剪除",直接裁剪掉重叠部分。

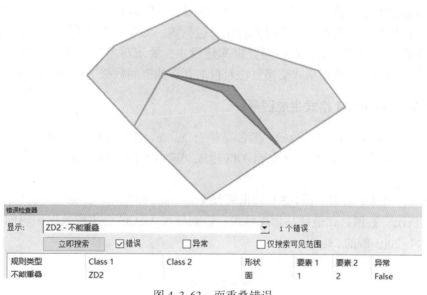

图 4.3.63 面重叠错误

(3)缝隙。在 ArcGIS 目录中,连接数据"练习数据\ex4_3\拓扑修改\DJ.mdb",加载拓扑数据"ZD_Topology",打开错误检查器,在显示栏里选择"不能有空隙",并立即搜索错误,显示有 4 个面空隙的错误,如图 4.3.64 所示。经过查看,可以判断面最外围一圈会被认为是缝隙,这种错误可以标注例外。其余的面空隙错误,可以根据具体的实际情况进行修改,修改方法有以下两种:

①可以直接修改要素节点去除空隙部分。

②在错误处单击鼠标右键选择"创建要素",将缝隙部分生成一个新的要素,然后利用编辑器下的"合并",把生成的面合并到相邻的一个面里。

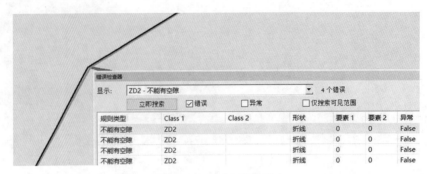

图 4. 3. 64　面空隙错误

4. 3. 4　数据转换

由于空间数据的来源有很多，如地图、工程图、规划图、照片、航空和遥感影像等，因此空间数据也有多种格式。使用时根据应用需要，要对数据的格式进行转换。转换是数据结构之间的转换，而数据结构之间的转化又包括统一数据结构不同组织形式间的转换，以及不同数据结构间的转换。在空间数据库建设中，要求尽可能地节约时间、人力、物力，使用有效和快捷的数据格式交换方法对目前存在的空间数据进行处理是必需的。

1. 由 TXT 或 Excel 格式生成图形

全站仪、RTK 采集的测量数据一般都是带有 X、Y、Z 坐标信息的 DAT 文件(可用记事本打开)，这些数据可以直接导入 ArcGIS 生成对应的空间图形数据。下面以 Excel 格式数据来做个示例。

(1)数据："练习数据 \ ex4_3 \ 数据转换 \ zuobiao. txt"。在 Excel 中整理好数据，如图 4. 3. 65 所示，数据格式最好是常规格式，否则导入 ArcGIS 会出现数据编码问题；整理后另存为 97-2003 版的 . xls 格式。

	A	B	C
1	xuhao	X	Y
2	11	502621.0432	3403224.382
3	12	502711.8181	3402089.694
4	13	501962.9238	3402067
5	14	503608.2222	3403042.832
6	17	504527.3198	3401840.062
7	18	507114.4097	3402407.406
8	19	506705.9214	3401204.637
9	16	505809.5176	3402588.957

图 4. 3. 65　Excel 中的点坐标数据

(2)在 ArcGIS 中，添加数据，再选择刚才保存的 . xls 格式文件，把数据添加到内容列表中，选择表格后单击鼠标右键，再添加 XY 数据，如图 4. 3. 66 所示，选择表格和对应的 XY 字段，如图 4. 3. 67 所示，点击"确定"，即可完成数据展点，如图 4. 3. 68 所示。

后面将点数据导出成 .shp 格式。

图 4.3.66 显示 XY 数据

图 4.3.67 "显示 XY 数据"对话框设置

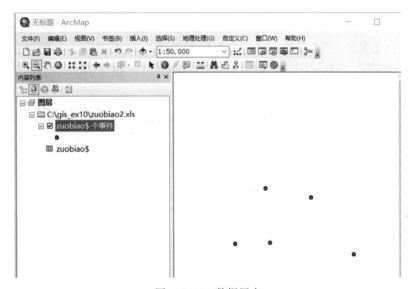
图 4.3.68 数据展点

2. 点线面相互转换

ArcGIS 中点、线和面是组成图层的基本要素。在实际应用中，我们常会面临有已知点或线，怎样产生面或已知面以及怎样按面的界线产生线的问题。目前 ArcGIS 软件可以做到点、线、面间的互相转化。

1）面到线

打开面数据"练习数据\ex4_3\数据转换\townshp.shp"，如图 4.3.69 所示，选择"数据管理工具→要素→要素转线"，如图 4.3.70 所示。

图 4.3.69　面状图　　　　图 4.3.70　要素转线

在弹出的"要素转线"对话框中进行如图 4.3.71 所示的设置，输出要素类可自行决定位置，单击"确定"，得到线图层，如图 4.3.72 所示。

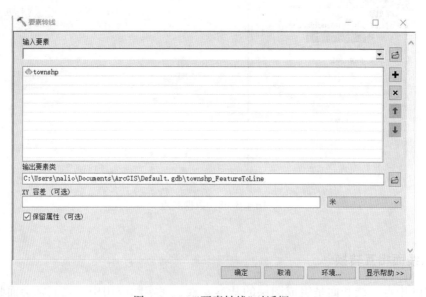

图 4.3.71　"要素转线"对话框

2) 面或线到点

加载面数据"练习数据 \ ex4_3 \ 数据转换 \ townshp.shp",同"面到线"步骤类似。选择"数据管理工具"→"要素"→"要素到点"。在"要素到点"对话框中,与"面到线"一样,选择好图层(如果是面转点,则选面层;如果是线转点,则选线层),并填写输出路径与名称后,点击"确定",就可以生成一个点图层(多边形要素内部或者线连接的中心位置生成点),如图 4.3.73 所示是面转点的结果。

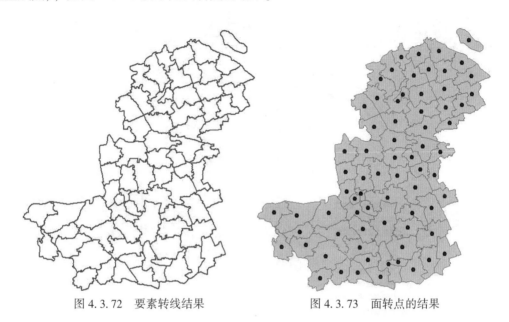

图 4.3.72　要素转线结果　　　　图 4.3.73　面转点的结果

3) 线到面

加载线数据"练习数据 \ ex4_3 \ 数据转换 \ hi_way.shp",选择"数据管理工具"→"要素"→"要素到面"。在"要素到点"对话框中,选择线图层,点击"确定"后,就构成封闭的线,会生成多边形,如图 4.3.74 所示。

3. CASS 转 ArcGIS

CASS 数据往往是分层管理的,将 CASS 数据转成 ArcGIS 数据,易丢失属性数据,ArcGIS 提供了两种方法,可以将 CASS 数据完整地转换为地理数据库。下面简单地介绍一下。

打开 CASS 软件,用"练习数据 \ ex4_3 \ 数据转换 \ cass 转 ArcGIS \ south.dat"数据进行示例。

(1) 方法一:在 CASS 中导出 Shp 格式,再将 Shp 格式数据导入地理数据库。

①导出 Shp 格式。在 CASS 中,选择"绘图处理"→"简码识别",打开 south.dat 数据,图形随之展绘在窗口中。点击菜单栏上的"检查入库"→"输出 Arc/Info Shp 格式",如图 4.3.75 所示。在弹出的窗口中默认设置,文字转换方式选择"点",如图 4.3.76 所示,并选择保存路径。转换过后,一些属性会保存在点数据的属性中,保证属性不丢失。

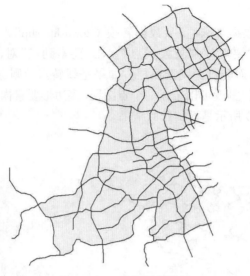

图 4.3.74 线转面的结果

图 4.3.75 cass 导出 shp 格式　　图 4.3.76 shape 文件设置

②导入地理数据库。点击 ArcGIS 的加载数据工具，选择刚刚导出的 Shp 格式数据，可以浏览检查数据有没有问题，如图 4.3.77 所示。在目录中鼠标右键点击地理数据库，选择"导入"→"要素类"→"多个要素"，将 Shp 格式数据全部转入地理数据库中。

（2）方法二：CASS 数据直接转至地理数据库。

打开数据"练习数据 \ ex4_3 \ cass 转 ArcGIS \ DJT.dwg"，选择 ArcGIS 工具箱中"数据转换工具"→"转出至地理数据库"→"cad 至地理数据库"，再选择"DJT.dwg"文件，如图 4.3.78 所示。结果输出在地理数据库中，文件地理数据库和个人地理数据库均可。

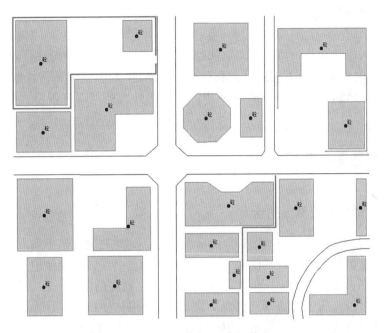

图 4.3.77 转出的 Shp 格式数据

图 4.3.78 CAD 至地理数据库设置

4.4 空间数据入库

空间数据入库主要是指将已经编辑和处理好的属性数据和图形数据导入数据库。其中属性数据入库主要是指属性表的内容导入数据库的表中,而图形数据入库则是指将 Shapefile 文件存储到建立的 Geodatabase 中。除此之外,还可以将表格、栅格数据等存储到数据库中。

4.4.1 矢量数据入库

1. 要素数据集和要素类的含义

要素类是对相同空间几何类型对象的形象概括,如对相同几何类型点的归纳。ArcGIS 里要素类为矢量数据图层。最常使用的 4 个要素类为点、线、面和注记。

要素数据集,又称要素集,是指同一坐标系的要素类的集合。在 ArcGIS 中,数据集相对于要素类来说,属于逻辑管理概念,它是把有共同空间参照系统的若干要素类(层)进行组织的管理方式。存储于数据集中的要素类可以用来构造拓扑、网络数据集、地形数据集等,若将要素类视为文件,则要素数据集为文件夹目录。

一个数据库内可存在多个要素类,在单个数据集的下面可存储一种或者几种要素类,在要素数据集的下面无法再放置要素数据集。先建立数据库,然后再建立数据集,再将数据放到要素数据集上。置于同一个数据集之下的若干要素类,其空间参考(包括坐标系、投影方式、XY 容差等)必须相同。

2. 新建数据库、要素数据集、要素类

1)新建数据库

ArcCatalog 中可以新建个人地理数据库和文件地理数据库。个人地理数据库中所有的数据集都存储与 ACCESS 数据文件内,其大小为 2GB;文件地理数据库在系统中以文件夹的形式存在,其大小最多可拓展至 1TB。

打开 ArcCatalog,在左侧目录树中选择存储数据库的位置,单击鼠标右键,选择新建个人地理数据库(或文件地理数据),如图 4.4.1 所示。可对新建的数据库进行重命名,例如,土地利用总体规划。在 ArcCatalog 中单击鼠标右键即可新建这两种类型数据库,这里以文件地理数据库为例说明。

(1)打开"ArcCatlalog"→任意选择一个本地目录,单击鼠标右键后选择"新建",创建文件地理数据库。

(2)选择刚刚创建的.gdb 格式的文件型数据库,单击鼠标右键后选择"新建",再选择"数据集";设置数据集的坐标系统,如果不能确定坐标系统,就选择导入要进行分析的数据的坐标系统。

(3)选择刚才创建的数据集,单击鼠标右键,选择"导入要素类"→"导入要素类"(单个),导入要进行拓扑分析的数据。

4.4 空间数据入库

图 4.4.1 新建数据库

（4）选择刚才创建的数据集，单击鼠标右键，选择"新建"→"拓扑"，根据提示创建拓扑，然后添加拓扑处理规则，根据实际情况可以添加多个规则。

（5）验证拓扑，成功后可以将拓扑添加到 ArcMap。然后进行拓扑检查，如显示有拓扑错误，则要进行拓扑编辑修改。

2）新建要素数据集

选择新建的个人地理数据库，单击鼠标右键新建要素集，如图 4.4.2 所示，并为要素集命名。在为新建要素集定义坐标时，有两种方法——导入和新建，如图 4.4.3 所示。

图 4.4.2 新建要素数据集

（1）导入：当有参考的矢量数据时，可选择导入参考的数据，要素集的坐标来源于参考数据的坐标。

（2）新建：若没有可参考的矢量数据，则可以根据自己的需要新建投影坐标。一个数据库可以包含多个要素集，可根据实际需要新建一个或多个要素集。

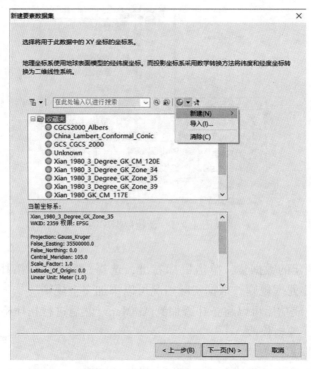

图 4.4.3　新建要素数据集设置

3）新建要素类

（1）在新建要素集的基础上，选中要素集，单击鼠标右键选择新建要素类，常见的要素类主要包括点要素、线要素和面要素等。例如新建要素类 DL（地类）图层，如图 4.4.4 所示。

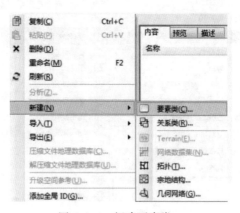

图 4.4.4　新建要素类一

（2）点击"下一步"，选择自己所需要的字段，依次输入字段的名称和数据类型即可，如图 4.4.5 所示，然后点击"完成"即可。

（3）若要将新建的 DL 图层的属性表（字段和数据类型）与已有的图层一样，则不需要在图 4.4.6 中依次输入字段名称和数据类型，可直接点击图 4.4.6 中的"导入"按钮，选择

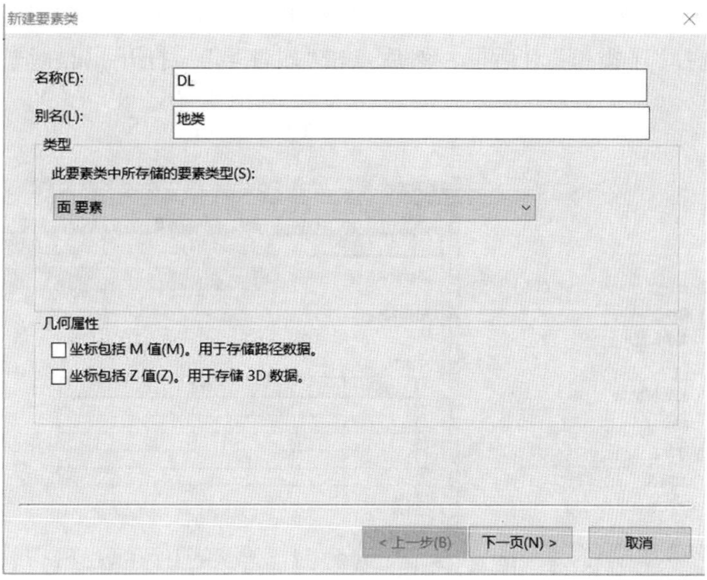

图 4.4.5 新建要素类二

要参照的图层即可，导入后可自动让已有图层的字段和数据类型导入到新建的 DL 图层中，点击"完成"即可，如图 4.4.6 所示。

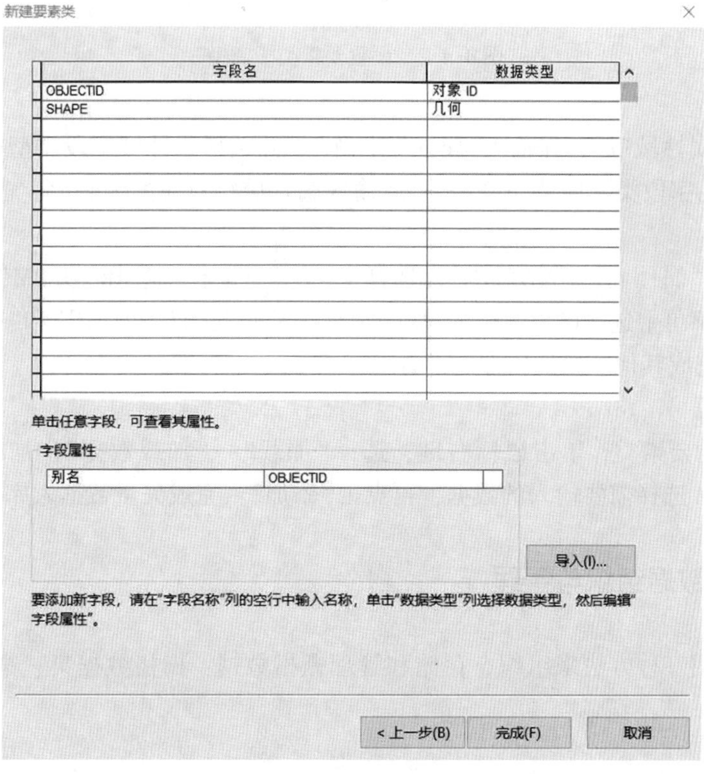

图 4.4.6 新建要素类三

(4)新建 DL 图层后,可以选中 DL 图层,单击鼠标右键选择"属性",在新打开的属性对话框中,选择"子类型"对话框,然后点击"属性域",打开"属性域"对话框,如图 4.4.7 所示。

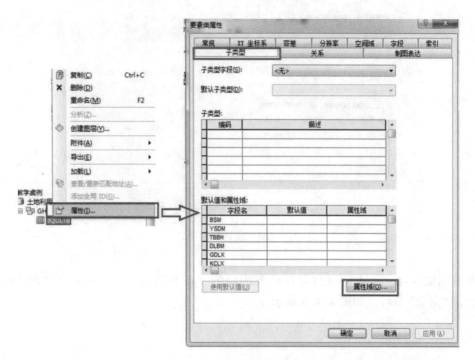

图 4.4.7　设置要素类子类型

(5)打开"属性域"后,先输入"属性域名称",并选择属性域字段类型(与所需要设置属性域的原有的字段类型保持一致),然后输入属性域相对应的编码值,输入完成后点击"确定"。

(6)子类型"属性域"设置完成后,选择"字段"对话框,选择"DLBM"字段,然后在"属性域"下拉菜单中选择已设置好的属性域"地类编码",点击"应用"和"确定"。可采用同样的方法,完成其他字段的属性域设置。

4)加载数据

选择新建的要素类,单击鼠标右键,选择"加载"→"加载数据"。加载矢量数据后,点击"下一步",选择需要输入的数据,再点击"添加",完成矢量数据入库操作。

4.4.2　栅格数据组织与管理

ArcGIS 使用三种方法来组织、存储和管理栅格数据:栅格数据集、镶嵌数据集和栅格目录。

1. 栅格数据集、镶嵌数据集、栅格目录的含义

1）栅格数据集

大多数影像和栅格数据(如正射影像或 DEM)都是以栅格数据集的形式提供的。栅格数据集是指存储在磁盘或地理数据库中的任何栅格数据模型。它是构建其他数据的最基本的栅格数据存储模型。它还是许多处理栅格数据的地理处理工具的输出。栅格数据集是组织成一个或多个波段的任何有效的栅格格式。每个波段由一系列像素(单元)数组组成，每个像素都有一个值。栅格数据集至少有一个波段，可以采用各种格式存储栅格数据集，包括 TIFF、JPEG2000、EsriGrid 和 MrSid。

2）镶嵌数据集

镶嵌数据集是若干栅格数据集(影像)的集合，它以目录形式存储并以单个镶嵌影像或单独影像(栅格)的方式显示或访问。这些集合的总文件大小和栅格数据集数量都会非常大。镶嵌数据集中的栅格数据集可以采用本机格式保留在磁盘上，也可在需要时加载到地理数据库中。可通过栅格记录以及属性表中的属性来管理元数据。通过将元数据存储为属性，可以更方便地管理诸如传感器方向数据等参数，同时也可以加快对选择内容的查询速度。镶嵌数据集中的栅格数据不必相邻或叠置，也可以以未连接的不连续数据集的形式存在。例如，可以使用完全覆盖某个区域的影像，也可以使用没有连接到一起形成连续影像的多条影像(例如沿管线)。数据甚至可以完全或部分叠置，但需要在不同的日期进行捕获。镶嵌数据集是一种用于存储临时数据的理想数据集，可以在镶嵌数据集中根据时间或日期查询所需的影像，也可以使用某种镶嵌方法来根据时间或日期属性显示镶嵌影像。

3）栅格目录

栅格目录是以表格式定义的栅格数据集的集合，其中每个记录表示目录中的一个栅格数据集。栅格目录大到可以包含数千个影像。栅格目录通常用于显示相邻、完全重叠或部分重叠的栅格数据集，不需要将它们镶嵌为一个较大的栅格数据集。

2. 将栅格数据加载到栅格目录

将多波段栅格数据集加载到地理数据库或栅格目录中，地理数据库中首先必须具有栅格目录，要在地理数据库中创建栅格目录。

数据："练习数据\ex4_4\栅格数据加载到栅格目录"中的"sg.gdb"和"dem1"，在 ArcCatalog 或目录窗口中，鼠标右键单击栅格目录"ss"，然后单击"加载"→"从工作空间加载"或"加载栅格数据集"，如图 4.4.8 所示，在弹出的对话框中完成栅格数据加载的设置。

3. 镶嵌数据集导出到栅格数据集

要基于镶嵌数据集创建镶嵌的栅格数据集，可使用"复制栅格"工具，或者可将 ArcMap 中的影像子图层导出到栅格数据集。

在 ArcCatalog 或目录窗口中，鼠标右键单击镶嵌数据集，然后单击"导出"→将栅格导出为不同格式，如图 4.4.9 所示。

图 4.4.8　栅格目录加载数据命令

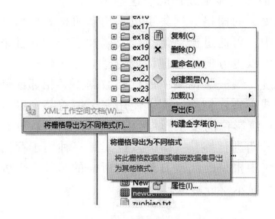

图 4.4.9　导出到栅格数据集

4.5　空间数据库更新与维护

建立空间数据库是一项耗费大量人力、物力和财力的工作，如果想让空间数据库应用生命周期长，数据现势性强，维护好，就需要对数据库进行及时的更新和维护。空间数据库更新主要涉及地理要素及属性要素的增加、删除、变化，其本质是空间数据库中的数据发生变化。空间数据库维护的内容包括：数据文件的维护、数据库的转储和恢复、数据库性能的监督分析和改进、机器设备的维护。

当数据内容发生变化，如河流改道、道路新建、城市变化等，或者数据要求发生变化，如地块面积统计精度变化、地物新增属性等，就需要对空间数据库进行更新。下面就矢量数据更新和属性数据更新分别进行介绍。

4.5.1　矢量数据更新

由于空间数据都是分幅存储的，某一特定研究区域常常跨域不同图幅。当要获取有特定边界的研究区域时,就要对数据进行裁切、拼接、提取等操作,有时还要进行相应的投影变换。下面以一个例子来讲解 ArcGIS 中矢量数据更新的裁切、数据合并、提取的操作。

(1)加载矢量数据"练习数据\ex4_5\矢量数据更新\××县.shp",如图 4.5.1 所示。

(2)范围提取。打开工具项"分析工具"→"提取"→"筛选"→"输入要素(该矢量文件)"→"输出要素(存储的位置)"→表达式根据字段"name"获取所需提取的区域名字,获取唯一值,再点击"确定"完成操作,如图 4.5.2 所示。

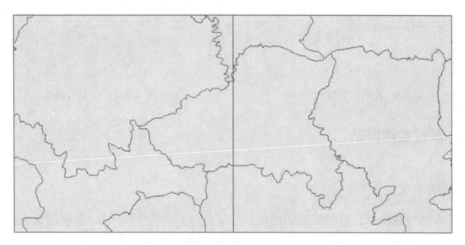

图 4.5.1 原始 shape 数据

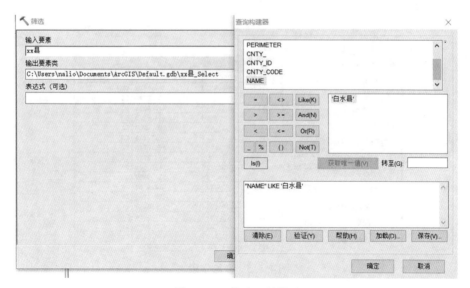

图 4.5.2 筛选工具设置

(3)对筛选出来的区域进行合并操作,如图 4.5.3 和图 4.5.4 所示。

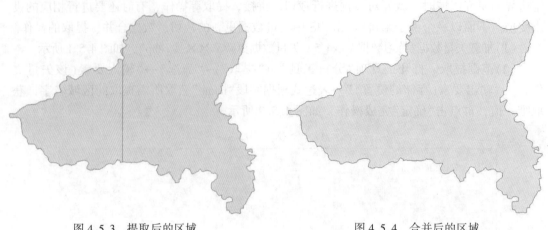

图 4.5.3　提取后的区域　　　　　　　图 4.5.4　合并后的区域

4.5.2　属性数据更新

1. 新增字段

在录入属性数据时，有时需要新增加一些属性字段，下面通过一个示例来进行介绍。ArcGIS 中加载矢量数据"练习数据 \ ex4_5 \ 矢量数据更新 \ 规划图 . shp"，通过"添加字段"（图 4.5.5），新增地物属性，在属性表中新增土地利用现状代码"LOST_ID"字段和用地类型"LANDUSE"字段。

图 4.5.5　新增字段

2. 更新属性字段内容

在属性表中，"LOST_ID"字段和"LANDUSE"字段中输入如图 4.5.6 所示的内容，进行更新字段内容，或者可以通过空间数据与属性数据表连接进行更新，在下文会介绍这种方法。

FID	Shape *	AREA	PERIMETER	LOTS_ID	LANDUSE
0	面	35866.02	737.5334	114	R2
1	面	24606.44	663.8805	113	R2
2	面	4670.333	519.8962	112	G1
3	面	5768.605	516.1409	111	E
4	面	4506.167	493.5394	110	G1
5	面	38783.72	777.446	108	C3
6	面	4291.706	473.2395	107	G1
7	面	6084.562	501.7793	106	E
8	面	4337.143	475.6838	105	G1
9	面	11958.74	527.3989	104	C3
10	面	7041.055	470.6806	109	R2
11	面	44811.19	815.8235	103	C2
12	面	65856.82	1234.35	101	C3
13	面	7999.872	359.8893	102	S3
14	面	30703.75	707.2542	201	R2
15	面	22363.78	688.7894	202	R2
16	面	6014.046	643.0702	203	G1
17	面	7409.869	684.6705	204	E
18	面	6580.864	702.2563	205	G1
19	面	20667.45	783.4858	206	R2
20	面	18078.26	546.6163	207	G1
21	面	12411.67	690.6282	208	C2
22	面	13247.16	737.915	209	C2
23	面	15743.97	543.2296	210	R2
24	面	5219.579	571.9295	211	G1
25	面	6070.16	564.8748	212	E
26	面	9275.551	603.1281	213	G1
27	面	15677.48	489.3376	215	M
28	面	12474.37	442.7006	214	M
29	面	17850.48	550.7694	310	M
30	面	14609.61	475.3855	301	R2
31	面	11332.59	420.3796	302	C6
32	面	7023.458	350.5655	307	M
33	面	4234.794	464.4901	303	G1
34	面	4226.126	474.2383	304	E
35	面	6347.664	474.5506	305	G1
36	面	28449.6	664.1566	306	M
37	面	16093.9	512.5271	308	M
38	面	16639.83	502.8774	309	M

图 4.5.6　更新属性字段

3. 空间数据与属性数据连接

（1）在 ArcGIS 中，打开"练习数据 \ ex4_5 \ 矢量数据更新"中的"规划图.shp"，加载"土地类型.xls"，如图 4.5.7 所示。

（2）鼠标右键点击"规划图"数据层，选择"连接和关联"→"连接"，打开"连接数据"窗口，如图 4.5.8 所示。选择图层属性和 Excel 数据中都有的 ID 字段进行连接。在连接数据中，选择"FID"字段作为连接要基于的属性字段，点击旁边的文件浏览，选中要连上的 Excel 表，这里要选择 Excel 表里的 sheet 表即"土地类型 $"，连接字段选择"ID"，连接后属性表如图 4.5.9 所示。鼠标右键点击"规划图"数据层，选择"数据"→"导出数据"，把更新属性表后的规划图保存起来。

4. 字段计算器

使用键盘输入值并不是编辑表中值的唯一方式。在某些情况下，为了设置字段值，

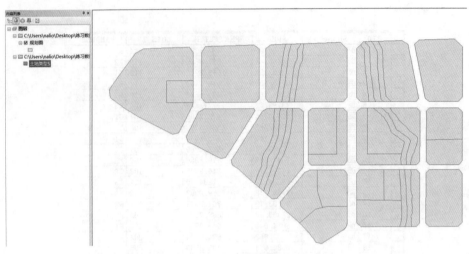

图 4.5.7　加载空间数据和 Excel 表

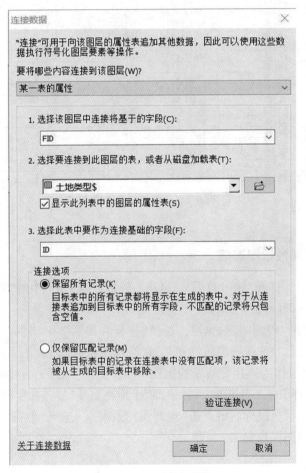

图 4.5.8　连接数据设置

规划图						
FID	Shape *	AREA	PERIMETER	ID	LOTS_ID	LANDUSE
0	面	35866.02	737.5334	0	114	R2
1	面	24606.44	663.8805	1	113	R2
2	面	4670.333	519.8962	2	112	G1
3	面	5768.605	516.1409	3	111	E
4	面	4506.167	493.5394	4	110	G1
5	面	38783.72	777.446	5	108	C3
6	面	4291.706	473.2395	6	107	G1
7	面	6084.562	501.7793	7	106	E
8	面	4337.143	475.6838	8	105	G1
9	面	11958.74	527.3989	9	104	C3
10	面	7041.055	470.6806	10	109	R2
11	面	44811.19	815.8235	11	103	C2
12	面	65856.82	1234.35	12	101	C3
13	面	7999.872	359.8893	13	102	S3
14	面	30703.75	707.2542	14	201	R2
15	面	22363.78	688.7894	15	202	R2
16	面	6014.046	643.0702	16	203	G1
17	面	7409.869	684.6705	17	204	E
18	面	6580.864	702.2563	18	205	G1
19	面	20667.45	783.4858	19	206	R2
20	面	18078.26	546.6163	20	207	R2
21	面	12411.67	690.6282	21	208	C2
22	面	13247.16	737.915	22	209	C2
23	面	15743.97	543.2296	23	210	R2
24	面	5219.579	571.9295	24	211	G1
25	面	6070.16	564.8748	25	212	E
26	面	9275.551	603.1281	26	213	G1
27	面	15677.48	489.3376	27	215	M
28	面	12474.37	442.7006	28	214	M
29	面	17850.48	550.7694	29	310	M
30	面	14609.61	475.3855	30	301	R2
31	面	11332.59	420.3796	31	302	C6
32	面	7023.458	350.5655	32	307	M
33	面	4234.794	464.4901	33	303	G1
34	面	4226.126	474.2383	34	304	E
35	面	6347.664	474.5506	35	305	G1
36	面	28449.6	664.1566	36	306	M
37	面	16093.9	512.5271	37	308	M
38	面	16639.83	502.8774	38	309	M

图4.5.9 连接后数据表

可能要对单条记录甚至是所有记录执行数学计算。ArcGIS中的"字段计算器"可以对所有或所选记录进行简单和高级计算。当需要按不同的条件对空间数据属性进行赋值时，最常用的方法是先按属性进行选择，再对选择的记录用"字段计算器"进行赋值，步骤如下：

（1）打开上一个练习的结果图，即更新属性字段后的规划图，要求将用地类型"LANDUSE"字段中的R2类型（二类居住用地）批量赋值为R1类型（一类居住用地），点击"选择"→"按属性选择"，在对话框里选择对应图层，并输入SQL查找语句："LANDUSE" = 'R2'，如图4.5.10所示，点击"确定"后查找到符合条件的记录。

（2）打开规划图属性表，在"LANDUSE"字段上，鼠标右键单击选择字段计算器，如图4.5.11所示，对选中的记录属性字段值进行批量更新，把"LANDUSE"字段值赋值为R1。

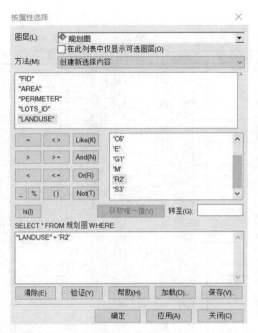

图 4.5.10　按属性选择

图 4.5.11　字段计算器

4.6　空间数据库建库实验案例

本节以实验数据为案例，详细介绍数据预处理、空间数据库建库、数据入库、拓扑检查、属性检查等过程。

4.6.1 数据预处理

因数据格式各异,数据质量参差不齐,入库后会导致数据丢失严重。因此,在数据入库前要进行数据预处理。下面通过南方某省政区图来练习,数据说明:栅格数据:"练习数据\ex4_6\南方某省政区(经纬度投影).jpg"。具体步骤如下:

1. 配准

1)加载栅格数据

在 ArcMap 中,点击工具栏上的 ✤、,加载栅格数据"南方某省政区(经纬度投影).jpg",提示未知的空间参考,如图 4.6.1 所示,因为 JPG 图像目前还没有坐标,直接点击"确定",直到加载完成。

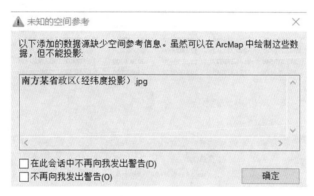

图 4.6.1　提示未知的空间参考

2)地理配准工具栏

在工具栏空白处单击鼠标,选择勾选地理配准工具条,工具栏的下拉选项中选择要校准的底图"南方某省政区(经纬度投影).jpg",如图 4.6.2 所示。

图 4.6.2　地理配准工具

3)添加控制点

控制点选择要多个位置分散选择,尽量选择尖角或交会处的特征明显的点作为控制点,可以选择离 4 个内图廓最近的经纬线交点作为控制点,控制的范围最大,比较准确。离地图四角内图廓最近的经纬线交点,坐标分别为:左上角(104,26),右上角(112,26),右下角(112,21),左下角(105,21)。放大地图,定位到右下角内图廓最近的经纬线交点,点击地理配准工具条上的 ✗,在图上相应位置点击鼠标左键,再点击鼠标右键,输入经纬度坐标，如图 4.6.3 所示，再依次选择其余的控制点输入坐标。

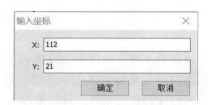

图 4.6.3　输入控制点坐标

在地理配准工具条中使用 ▦ 可查看控制点信息，删除错选的、不理想的、残差大的控制点对，如图 4.6.4 所示。点击"地理配准"→"变换"→"校正"，如图 4.6.5 所示，校正完成后再点击"更新显示"，将原来没有校正的地图更换为校正后的图显示。

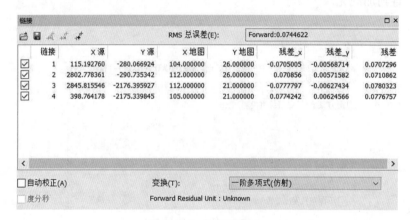

图 4.6.4　控制点信息

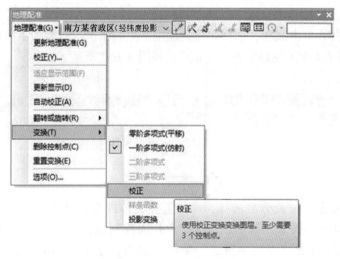

图 4.6.5　手动校正

4）输出数据

一般需要保留原来的地图文件，将现在已经添加控制点的地图文件作为副本输出，以备后续需要原始的地图文件。如果不另输出数据，那么就是在现有的地图上做修改。鼠标右键单击地图数据，选择"数据"→"导出数据"，在弹出的窗口进行设置，数据保存路径和名称自行决定，如图4.6.6所示。

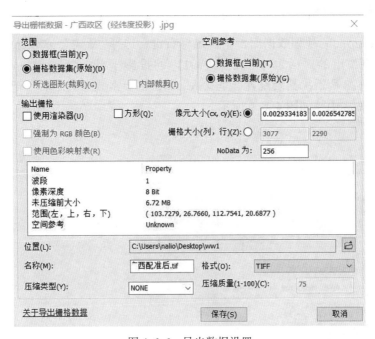

图 4.6.6　导出数据设置

5）定义投影

打开"定义投影"工具，输入要设置的数据集，选择"地理坐标系"→"Asia"→"Beijing_1954"（如图4.6.7所示），点击"确定"。

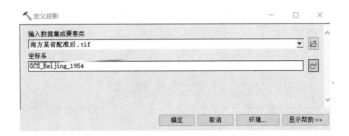

图 4.6.7　投影设置

2. 矢量化和录入属性数据

对配准好的栅格地图进行矢量化和录入属性数据，因篇幅有限，本文不进行此步骤介绍。

4.6.2 拓扑检查

对矢量化后的南方某省数据"msmap.gdb"，进行拓扑的新建和拓扑检查练习，数据说明：要素类线状常年水系"mshl"，县份行政区"msxf"，省级行政区"msxzq"。

1. 新建要素数据集

选择"msmap.gdb"地理数据库，单击鼠标右键，选择"新建"→"要素数据集"，命名为：msmap。在弹出的对话框中，导入"mshl"的投影坐标：China_Lambert_Conformal_Conic，如图4.6.8所示。其余设置都是默认。新建好要素数据集之后，把"msxf""msxzq"拖入数据集msmap中，如图4.6.9所示。

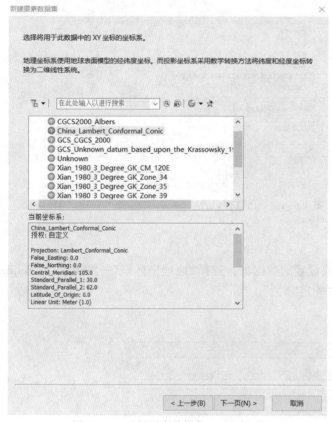

图4.6.8 选择要素数据集XY坐标系

图4.6.9 把数据拖入要素数据集中

2. 建立拓扑

鼠标右键点击数据集"msmap"，选择"新建"→"拓扑"，在弹出的窗口全选要素参与拓扑，如图4.6.10所示。

添加拓扑规则：河流不能有伪节点；县级行政区不能重叠；县级行政区不能有空隙；

4.6 空间数据库建库实验案例

图 4.6.10　选择参与拓扑的要素

省级行政区不能重叠；省级行政区不能有空隙，如图 4.6.11 所示。在完成了拓扑的创建之后验证新拓扑。

图 4.6.11　添加拓扑规则

115

3. 检查拓扑

1）查看拓扑错误

加载刚建立的拓扑文件"msmap_Topology"，可以看到错误都被红色高亮显示出来了，接下来就是解决问题了。打开编辑器工具条，开始进行编辑。调出拓扑工具条，点击"错误检查器"按钮，在弹出的错误窗口中点击"立即搜索"，查看拓扑错误，如图 4.6.12 所示。

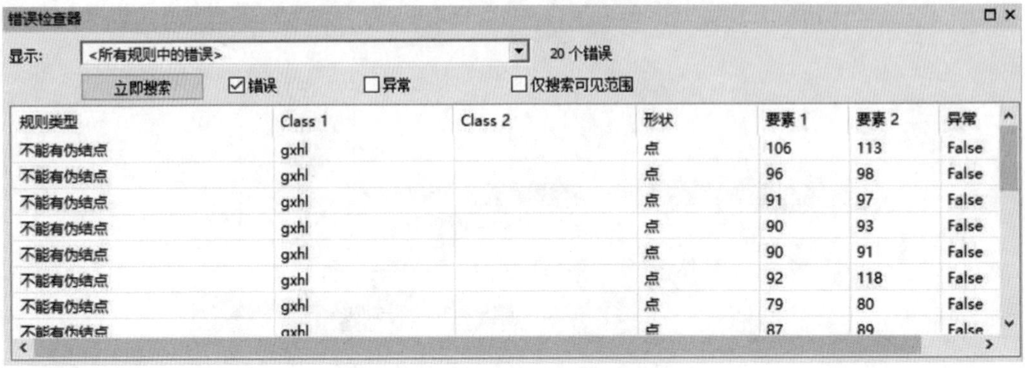

图 4.6.12 检查器中的拓扑错误

2）修改拓扑错误

根据不同类型的错误进行逐一修改：

（1）不能有伪节点的错误修改方法：选中错误，进行批量处理，鼠标右键选择"合并至最长的要素"，对于无法合并的要素，则鼠标右键选择"标记为异常"。

（2）不能有空隙的错误修改方法：在检查面状要素的缝隙时最外一圈会被认为是缝隙，这种可以标注例外，鼠标右键选择"标记为异常"。

3）检查并保存

鼠标右键单击对应的数据层选择属性，设置"脏区"，点击"验证"，没有显示错误了，保存"编辑"。

4.6.3 空间数据库建库和入库

本小节以拓扑检查修改后的数据"msmap.gdb"进行操作，详细介绍空间数据库建库和数据入库的过程。

1. 原始数据

原始数据是南方某省矢量地图数据库"msmap.gdb"，数据包含了线状常年河流、省级行政区、县级行政区，如表 4.6.1 所示。

表 4.6.1　　　　　　　　　　　　广西矢量地图数据库

性质	数据	几何特征	格式
基础地理信息	线状常年河流（mshl）	线状	shape 格式
基础地理信息	省级行政区（msxzq）	面状	shape 格式
基础地理信息	县级行政区（msxf）	面状	shape 格式

2. 数据分类

在数据准备之后，首先要对数据进行分类。按照空间数据库建库设计要求，对其进行整理，存储时按照统一建库规范，分层进行管理，然后建档与备份，分类可以根据用途或性质来划分，参照下面的分类方式：

第一类基础地理信息包括：基本信息图层、水系图层、交通图层、居民地图层、境界图层、地形等高线图层。

第二类主题信息包括：主题要素图层和其他要素图层。

第三类整饰部分包括：图内整饰图层和图外整饰图层。

3. 编码结构

编码参照国家标准 GB/T 13923—2006《基础地理信息要素分类与代码》执行，在对要素数据集和要素类命名时，按编码命名。部分基础地理信息要素分类与代码如表 4.6.2 所示。

表 4.6.2　　　　　　　　　部分基础地理信息要素分类与代码

国标代码	用户代码	要素名称	几何类型	层
200000	**2000000**	**水系**		
210000	**2100000**	**河流**		
210101	2101012	单线地面河流	线	hydnt
210101	2101013	双线地面河流	面	hydnt
210103	2101031	地下河段出入口	有向点	hydlt
210104	2101042	单线消失河段	线	hydnt
210104	2101043	双线消失河段	面	hydnt
210200	2102002	单线时令河	线	hydnt
210200	2102003	双线时令河	面	hydnt
210301	2103012	单线河道干河	线	hydnt
210301	2103013	双线河道干河	面	hydnt
210302	2103023	漫流干河	面	hydnt

续表

国标代码	用户代码	要素名称	几何类型	层
219000	2190001	河流注记	点	annlk
600000	**6000000**	**境界与政区**		
630000	**6300000**	**省级行政区**		
630100	6301003	省级行政区域	面	bount
630201	6302012	省级行政区界线(已定界)	线	bount
630202	6302022	省级行政区界线(未定界)	线	bount
630300	6303001	省级界桩、界碑	点	boupt
639000	6390001	省级省级行政区注记	点	anolk
640000	**6400000**	**地级行政区**		
640100	6401003	地级行政区域	面	bount
640201	6402012	地级行政区界线(已定界)	线	bount
640202	6402022	地级行政区界线(未定界)	线	bount
640300	6403001	地级界桩、界碑	点	boupt
649000	6490001	地级行政区注记	点	anolk
650000	**6500000**	**县级行政区**		
650100	6501003	县级行政区域	面	bount
650201	6502012	县级行政区界线(已定界)	线	bount
650202	6502022	县级行政区界线(未定界)	线	bount
650300	6503001	县级界桩、界碑	点	boupt
659000	6590001	县级行政区注记	点	anolk

4. 建立 Geodatabase 数据库

1)新建地理数据集库

由于数据"msmap.gdb"已经是 GDB 格式，可以省略这一步。

2)建立要素数据集

在新建要素数据集之前，先要定义空间参考，包括地理坐标和投影坐标。本次使用的空间参考为地理坐标系统(GCS_Beijing_1954)，投影坐标(China_Lambert_Conformal_Conic)。

(1)新建要素数据集。在地理数据库 msmap.gdb 上单击鼠标右键，选择"新建"→"要素数据集"，如图 4.6.13 所示。

(2)要素数据集命名。用河流数据"mshl"来做个示例，使用表 4.6.2 中的编码来命名，查询得知水系大类的编码为 2000000，由于命名不能全是数字，这里以"H"字母开头，如图 4.6.14 所示。

4.6 空间数据库建库实验案例

图 4.6.13 新建要素数据集命令

图 4.6.14 水系大类数据集命名

(3) 选择空间参考。在弹出的"新建要素集"窗口中，选择空间参考为地理坐标 GCS_Beijing_1954，投影坐标 China_Lambert_Conformal_Conic，如图 4.6.15 所示。z 坐标系选择"无坐标"，因为此数据是二维数据。

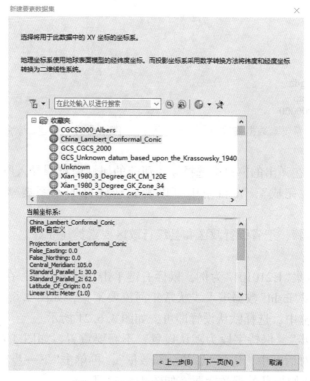

图 4.6.15 空间参考坐标系设置

119

(4)容差设置。容差按照默认的设置,不进行改动。点击"确定",将生成新的要素数据集,在目录中可以看到,如图 4.6.16 所示。

(5)按照以上步骤,把省级行政区"msxzq"和县级行政区"msxf"要素数据集建立好。

3)建立要素类

(1)新建要素类。在建好的水系要素集"H2000000"上单击鼠标右键,选择"新建"→"要素类"。在弹出的对话框中输入水系中线状常年河流的编码 H210101,选择为线要素类型,如图 4.6.17 所示。数据库存储设置选择默认设置。

图 4.6.16 新建的水系要素数据集　　　图 4.6.17 新建要素命名

(2)设置字段。在弹出的窗口中选择导入河流的属性信息,导入所有字段数据,如图 4.6.18 所示。单击"完成",在目录中可以看到新建好的水系要素类 H210101,如图 4.6.19 所示。

(3)按照以上步骤,把省级行政区和县级行政区要素类建立好。

4)加载数据

(1)以水系要素集"H210101"为例,鼠标右键单击"H210101",在弹出的右键菜单中选择加载数据,加载"mshl"数据进入线状常年河流要素集,如图 4.6.20 所示。在弹出的"加载数据库"对话框中,选择默认设置即可,如图 4.6.21 所示。

(2)单击"下一步",保持字段为默认设置,不需要重置,如图 4.6.22 所示。在弹出的"所有要素加载"对话框中,选择"加载全部数据",再单击"下一步"。最后,显示摘要信息框,这里显示我们加载数据的摘要,如图 4.6.23 所示。

4.6 空间数据库建库实验案例

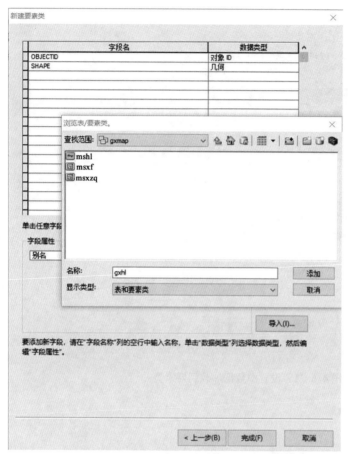

图 4.6.18 导入河流属性字段

图 4.6.19 水系要素类

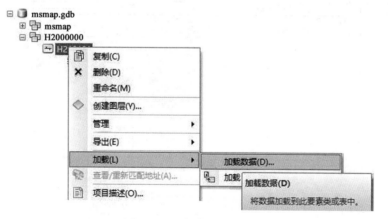

图 4.6.20 加载数据命令

（3）数据加载完成后，可以在窗口浏览地理数据，在内容窗口中选择"线状常年水系"，单击鼠标右键打开属性表，如图 4.6.24 所示。

图 4.6.21 设置源数据加载到要素类

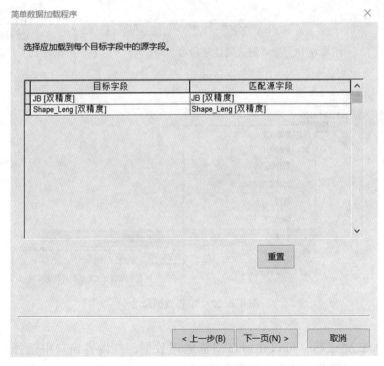

图 4.6.22 设置目标字段中的源字段

4.6 空间数据库建库实验案例

图 4.6.23 数据加载操作摘要

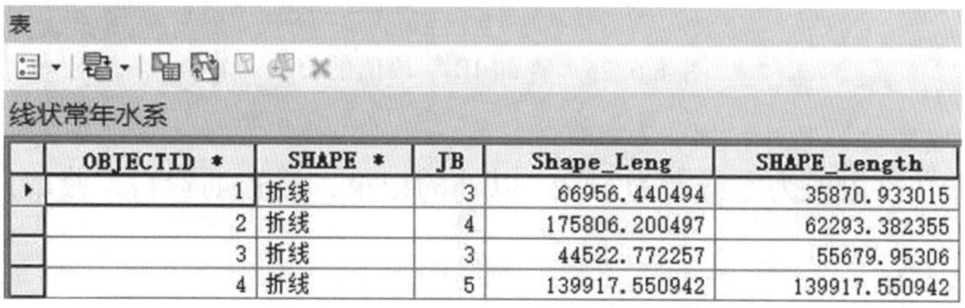

OBJECTID *	SHAPE *	JB	Shape_Leng	SHAPE_Length
1	折线	3	66956.440494	35870.933015
2	折线	4	175806.200497	62293.382355
3	折线	3	44522.772257	55679.95306
4	折线	5	139917.550942	139917.550942

表名：线状常年水系

图 4.6.24 线状常年水系属性表数据

（4）按照以上的步骤，把省级行政区和县级行政区的源数据导入数据库中，至此完成数据入库。

4.6.4 矢量数据属性检查

矢量数据属性检查包括属性表结构定义正确性、属性内容完整性和属性内容正确性三个方面，检查依据主要是数据建库的标准规范等。其中对属性表结构定义正确性检查较为简单，只要利用 ArcMap 或 ArcCatalog 来查看各要素属性表结构定义，与相关标准进行对比分析就可以实现。而对属性内容的完整性和正确性检查相对较为灵活，可以通过 ArcMap 的"按属性选择"功能来实现，具体方法如下：

（1）鼠标右键单击数据"线状常年河流"，打开"按属性选择"对话框；

(2)河流数据中一共有 5 个等级标准的河流,检查河流等级"JB"属性字段值是否正确。利用"获取属性字段唯一值"分析,检查字段枚举值是否正确,如图 4.6.25 所示。

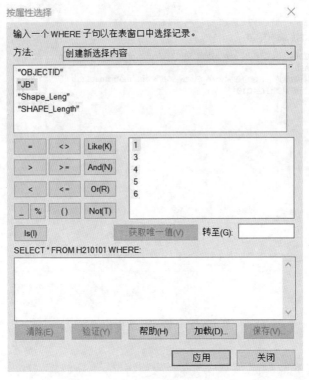

图 4.6.25　查询 JB 字段值的设置

(3)出现属性字段值为空或者为"1–5"以外的记录,经查询资料,修改其"JB"属性为"5"。

◎ 课后习题四

1. 解释空间数据库管理的概念。
2. 空间数据库建设时,通常包括几大数据库?
3. 阐述空间数据库建库总体流程。
4. 阐述在空间数据入库时,要进行矢量数据投影变换,同一基准面数据和不同基准面数据转换的区别。

第5章 空间数据质量分析与评价

5.1 空间数据质量检查

在地理信息技术飞速发展和普及的今天,空间数据的可靠质量是确保空间数据决策和应用结果正确性的重要前提。同时空间数据的质量控制研究在地理信息科学、地理信息产业以及地理国情普查、监测等领域都具有重要的研究意义。空间数据质量检查是空间数据质量控制中至关重要的一环,其研究有着十分重要的现实意义。

5.1.1 空间数据质量

空间数据是对客观现实世界的抽象和表达,包括空间实体的位置、形状、尺寸、性质和空间实体间的关联等。由于空间现象本身具有很大的不确定性,加上人们对数据的表达能力有限等原因造成了空间数据与其他地理实体数据相比存在着较大差异,从而导致了数据在使用过程中出现各种质量问题。这些问题主要表现为:冗余、不完整或模糊、遗漏等。

在这种情况下,数据质量出现问题在所难免。空间数据一旦出现质量问题,就会给用户带来不可估量的损失。所以,加强对空间数据的质量控制非常重要。

空间数据质量控制发展至今已经有了很大进步,但仍然缺乏针对性。空间数据本身也有其自身的规律和特点,只有遵循这些客观规律才能保证空间数据的质量。空间数据质量包括数据完整性、逻辑一致性、空间精度、时间精度、专题精度、图形或影像质量、附件质量以及某些与数据相关的描述。这些内容在不同领域中有着各自特定的内涵和外延。下面具体介绍空间数据质量的四个要素:

(1)误差:所谓误差就是数据与真实值之间的偏差,真实值也就是我们常说的"真值",它是一种反映数据准确性的重要指标和表达方式。空间数据中的误差是多方面的,主要包括数据采集过程中源误差和数据处理时引起的误差两部分,因此对空间数据进行有效的处理是下一步工作的重点。

(2)数据的准确度:数据的准确度是指计算值及估计值与真实值或真值之间的偏差。

(3)精密度:精密度是指数据的精密程度,通常用有效位数来表示,也就是测量值中所包含的离散程度。这就是通常所说的精密性问题。精密度越高,数据准确度就越高,反之则低,因此在实际应用中,应根据需要选择合适的方法来提高数据的准确度或精确度以达到所要求的精度。

（4）不确定性：所谓不确定性，是指由于时间和空间过程等因素所造成的与自然界中的各种空间现象不一致或完全不同的状态。不确定性有两种情况：①由于测量条件的变化而引起的测量误差；②随机误差。

5.1.2 空间数据误差分析

GIS 空间数据中的误差可以分为源误差与处理误差。

1. 源误差

源误差是指在数据采集过程或录入时产生的误差。

①地图的误差：地图的误差源主要有两类，一是地图固有的误差，比如控制点误差，投影误差，地图绘制员在编绘和清绘、制图综合时产生的差值等；二是材料变形产生的误差，如纸张会因为湿度和温度而产生膨胀或收缩。

②测量数据的误差：测量数据主要是使用仪器和量测方法量测得到的空间对象位置信息，这部分数据的误差主要是位置的误差，它是由操作人员使用仪器或者软件不当引起的，比如对中误差、读数误差、定位方法。另外，仪器本身的误差和环境因素（比如温度、湿度、信号干扰）等，也会使测量数据产生误差，只能通过反复观测来消除。

③遥感数据的误差：一是摄影平台和传感器的结构和稳定性，会影响航测的数据。另一个是源于遥感仪器观测流程。遥感观测过程，由于数据中存在空间分辨率较低或几何畸变、辐射误差，而影响了遥感数据的空间位置和属性精度。

④其他属性数据误差：如统计数据在收集时产生的误差；操作人员将属性数据录入数据库时，因误操作引起的误差等。

2. 处理误差

处理误差指因 GIS 在空间数据处理过程中引起的误差。在进行空间数据处理时，在下列几种情况下易出现误差：

（1）几何纠正。如果想要纠正纸张变形造成的数字化误差，需进行几何纠正，几何纠正应该建立在控制点理论坐标与数字化坐标的基础上，并最终将平差结果展示出来。

（2）投影变换。地图投影是指从三维地球椭球面到二维平面的变换，不同的投影形式，其地理特征的位置、面积、方向都会有不同的表现，要使 GIS 地理数据库空间数据一致，就必须把原投影下的矢量数据转换为地理坐标或指定投影下的数据。

（3）数据格式转换。矢量格式与栅格数据格式转换时，数据表示空间特征位置存在的差异性。

（4）制图综合。数据在经过比例尺变换、聚类、归并和合并等运算后出现的误差，主要有知识性误差（如运算与地学规律是否相符）以及数据表示的空间特征位置改变错误。例如，在进行制图综合表达时为了适应视觉效果需要调整其空间特征、注记等，从而造成数据表达的误差。

（5）空间分析处理，在空间叠加运算过程中会出现空间位置不同、属性值不一致等问题，进而出现多边形叠置、数据层叠加时的冗余多边形等情况。

5.1.3 空间数据质量控制

要获得高质量的空间数据，首先要对空间数据生产和使用过程进行质量管理和控制。而在空间数据生产流程中，质量检查工作贯穿于整个流程，并发挥着重要作用。因此，如何控制好质量检查工作对于提高空间数据产品的可用性和可靠性至关重要。

由于空间数据作为组成基础地理实体最主要的信息，它有着丰富的语义信息和固有的关联约束，数据量巨大，种类繁多，因此质量问题显得较为复杂，地理空间数据的质量需要严格把关。

1. 空间数据质量控制的意义

通过采用科学的方法建立空间数据生产技术规程，并利用一系列切实可行的有效方法来控制空间数据在生产过程中出现的关键性问题和纠正错误，对于空间数据质量控制有重要的意义，主要表现为以下几个方面：

(1) 有效的空间数据质量控制既可以保证投资者的收益又可以减少投资风险，还能为GIS高效运行、科学决策奠定基础。

(2) 在保证空间数据质量的前提下，GIS应尽可能地降低其成本，同时还可以通过系统质量的持续改进来扩大应用领域与应用范围。

(3) 空间数据质量的有效管控有助于增强系统可追溯性和改善系统的纠错能力。

2. 空间数据质量控制的内容

空间数据质量检查就是要通过监测整个数据采集过程，尽可能多地提供技术参数，以此确保产品质量，这是空间数据质量控制中非常重要的一个环节，是实施数据质量控制重要的方法之一。

因此，凡数据生产作业，应制定内部质量审核制度，并编制相关检查报告，对其工艺进行检查，对其质量评定进行终审，均应按规定及技术设计书进行，以确保终审提供资料的准确性、可靠性。

下面就项目的开展与验收入库过程中，对于空间数据质量总体控制与入库时的质量控制展开介绍。

1) 空间数据质量的总体控制

空间数据收集过程中误差来源多样，如何对空间数据采集过程进行质量控制并制定出相应的数据质量控制策略对确保成果数据质量具有非常重要的意义。对空间数据的误差整体控制应从以下几方面着手：

(1) 健全质量管理体系。

① 强化组织管理。

要使数据生产得以顺利进行，人与设备是生产组织得以实现的必要条件。生产组织管理中，生产管理人员要熟悉本企业的情况，对包括生产作业人员、产品质量检验人员等在内的人员进行培训；通过各种方法提高生产管理水平，实现员工与设备统筹管理，最大限度地发挥员工的工作积极性。建立科学有效的绩效考核体系，使考核结果真正成为激励生产人员的手段。

为了确保成果成图质量，成立专门的生产项目组，设置专门的项目领导、项目技术领导和项目质量领导，项目组负责生产组织和管理工作。

②建立质量保障。

建立质量保障体系是确保产品质量的一条主要途径。加强企业内部管理，必须从提高全员素质入手，以建立健全质量管理体系为基础。建立严格的质量责任制度和制定质量工作计划，使之系统化、标准化、程序化、制度化。

③遵照"两级检查，一级验收"制度。

数据成果遵照"两级检查，一级验收"制度来进行验收，分为过程检查、最终验收部分。过程检查主要由数据生产者、专职检查员来组织检查，而最终验收由单位内质量管理机构和用户共同完成。

④建立质量跟踪卡。

建立质量跟踪卡是非常重要的环节之一，质量跟踪卡应包括资料收集、预处理、数据验收等内容，并由作业员或质量检查员负责，跟踪卡上记录着每一道工序的详细情况。

⑤强化技术规定管理和贯彻落实。

在地理空间数据生产过程中，涉及许多具体问题，对所产生的问题将编制补充技术规定。在生产作业时还可能遇到新情况和新问题。另外，随着科技水平的发展，一些新技术也将逐渐应用于生产中。所以，必须加强对技术规定管理，把最新的解决方法、技术及时地传递给作业员，才能确保最新技术规定在生产中得到真正贯彻；还要确保各技术规定前后衔接，以免对人力物力造成浪费。

(2) 加强合同评审。

合同是载明供需双方权利义务并受法律保护的协议文件，它是质量体系各要素的出发点。只有通过仔细的合同评审才能清楚客户的需求、综合估算项目方的能力、协调项目方和客户双方关系、启动项目方内的权力、建立对合同达成的自信。显然，合同中"质量"的高低是确保最终数据成果达到客户全面要求的重要环节。因此，加强对合同的审核是提高产品质量的重要措施之一。合同评审质量控制与评价方法见表 5.1.1。

表 5.1.1 合同评审质量控制与评价方法

质量指标	质量控制方法	评　价
充分理解顾客的要求，在合同签约前及早发现问题	包括对成果交付和交付后的要求，确保在产品提供之前、提供之中以及提供之后，与客户进行沟通，及早发现问题，与顾客协商解决，减少或者避免与客户之间的误解和争端	是否因为理解偏差带给后续性工作连锁的错误；生产方与客户的认识是否趋向一致
明确各自的职责，全面评估自身完成合同要求的能力	参加合同评审的各相关部门负责人必须对各自部门在合同中需要履行的部分，进行认真审定。增强客户的信任度，并减少或避免顾客对成果质量的投诉	是否因为某个部门的失误，导致合同不能很好地履行

(3)计划编写。

制订良好的生产计划将对项目的最终结果产生深远的影响。计划质量控制与评价方法见表 5.1.2。

表 5.1.2　　　　　　　　　　　　计划质量控制与评价方法

质量指标	质量控制方法	评　　价
计划合理	按照合同规定,精心组织,周密计划,合理地安排生产	生产计划是否合理,需不需要调整
过程跟踪	随时对生产进行追踪,掌握生产进度,并根据生产进度,及时对生产计划进行调整,确保生产部门按照计划安排进度。制订的生产计划下达前必须经过审批	生产是否按照计划进行,产品质量能否满足客户要求,提交成果的时间是否能够得到保证

(4)技术设计及审批。

技术设计和技术设计审批是数据生产技术管理工作中的一项重要的基础工作,为安全生产与产品质量提供技术保障。所有的数据生产项目必须遵循先设计后生产的流程,没有进行技术设计的项目不能直接进行生产安排。技术设计质量控制与评价方法见表 5.1.3。

表 5.1.3　　　　　　　　　　　　技术设计质量控制与评价方法

质量指标	质量控制方法	评　　价
标准的正确性	准确引用标准,明确作业依据	引用标准是否正确
资料质量分析	认真分析各种资料	资料分析是否完整、透彻、详尽
技术路线正确性	选用科学合理的技术路线与作业流程来精确表达设计思想并指导生产作业	技术路线设计是否科学合理;设计书是否进行过评审;设计书是否得到批准
技术指标合理性	精确地给出技术指标与作业参数,详细阐述作业方法,检查要点,上交成果的格式与类型	技术指标或参数引用是否正确
设计书审批	严格按规定批准设计书	设计书审批制度是否健全

(5)技术路线试验。

技术设计书的技术路线规定了数据获取方法、全部作业流程,对于确保成果数据质量的一致性至关重要。但在实际操作过程中,由于受到多方面因素的影响,往往难以准确把握各道工序之间的衔接关系及工艺条件变化情况,导致生产出不符合项目要求的产品,这将严重制约企业效益提升。为此,有必要按照总体设计思路对技术路线进行测试,通过逐步模拟实际生产情况,制定出产品技术指标、技术路线、生产工艺流程、数据质量控制方案、生产定额及成本定额等,从而为大规模组织生产提供经验借鉴。

(6)统一规范技术要求,落实人员培训。

在正式大范围数据生产前，需要组织有关人员集中学习并实施考核，使其了解整个生产工艺流程、相关技术文件、软件应用情况、各道工序作业步骤、各硬件和软件的正确用法、质量要求等，做好技术准备；要组织人员试生产并了解培训结果，对存在的质量问题要分析其产生原因并当场说明解决措施，避免同类问题的普遍存在和反复发生；在每次开展具体操作前要进一步研究技术要求并加强质量意识，要及时向作业员发放各类补充技术文件并了解最新规定，确保技术方案的一致性和稳定性。通过对项目各阶段开展有效的管理与监控，保证施工质量和进度要求达到预期目标，同时也为今后类似工程提供借鉴。

如果在这一过程中，发现了原来未考虑的原则性问题而又确实需要对技术方案进行修订时，设计者必须统一进行补充和完善，并在批准后告知每一位作业人员，这样才能保证技术标准统一，全过程严格把关，保证数据质量。

(7) 设备保障。

数据生产中要求各软件、硬件的各项性能指标均应达到数据生产的质量标准及技术设计书规定，操作前、中、后均应进行检、校、修，以达到生产技术要求。尤其对测绘类数据内业生产专业软件来说，因受到软件版本升级和技术设计规定改变的影响，必须加强对软件的检验和审定，才能确保成果质量。

2) 空间数据入库时的质量控制

为了保证数据能够正确、完整地存储到数据库中，必须对其实施严格的质量控制。主要从以下三个方面进行入库数据的检查：

(1) 空间数据的检查方法。

空间数据的检查包括以下几个方面内容：

①入库数据文件的完整性；

②空间数据地理参考系统的正确性；

③不同软件数据格式和变换的可行性；

④空间位置的精度；

⑤空间地理特征完整性和表达完整性，如地理要素是否全部数字化、数据是否存在遗漏或重叠、面状地物是否选用合适的表达方式等；

⑥地物类型一致性检验：地物分类、分层是否一致等；

⑦拓扑检验：拓扑关系是否正确等；

⑧数据接边检验：相邻图幅要素图形的接边检查和属性检查等。

图形数据的检验方法包括：

①目视检查：把数据打开，对照原图形检验数据中是否存在点、线、面等地物缺失、拓扑关系不正确等；

②软件检查：主要是指用建库软件自身功能检验数据拓扑关系是否一致，或检验数据逻辑是否一致、完整，同时将查出的错误输出；

③套图检查。制作分要素检验图或全要素检验图，套合原图形进行检验。

空间数据的质量检查因产品类型和数据采集的手段不同，检查方法也略有不同，但检验内容大致相当，详见表 5.1.4。

表 5.1.4 空间数据的质量检查

检验内容		DLG	DRG	DEM	DOM
数学基础		✓	✓	✓	✓
位置精度	平面	✓	✓		✓
	高程	✓		✓	
接边精度		✓	✓		✓

注：表中"✓"表示应做的检查内容。

(2)属性数据的检查方法。

对属性数据进行检查，主要是查看要素分类和编码是否正确，要素属性值是否正确，空间数据连接关系是否正确。其中，检查"面状闭合"和"线状地物连续"是最基本的要求。检查方法有多种，可以采用"库查图形式"进行检查，还可以根据属性取值将图形元素调出并查看每个属性值是否正确及其与图形元素之间的关系是否正确。

(3)空间数据之间关系正确性的检查方法。

空间数据间关系逻辑一致性与完整性的检验内容有：多边形闭合状况，节点匹配精度，拓扑关系是否正确。

检查时可以通过填充方式来检查面状地物的闭合情况，或者目视检验，或者通过软件，如利用 ArcGIS 来检查面状要素的闭合情况，线状要素连续情况，不同图幅上相同地物分类情况等，保证空间数据间相互关系是正确的。

3)空间数据质量检查方法

空间数据质量控制的关键一环是质量检查。传统方法是采用手工方式来完成该工作，此方法效率低下且容易出错。随着计算机技术的不断发展以及各种新技术的应用，利用计算机和人工相结合的方法来检查空间数据已成为常用手段。与海量出现的数字化产品相比，如何利用自动化方法对空间数据质量进行检测和评估以提高工作效率是一个值得深入研究的问题。

(1)空间数据质量检查方法。空间数据质量检查的检验方法主要有以下几种：

①人工检验：人工检验方法常用于常规空间数据质量检验，多以矢量化数据和数据源作为比对，其中图形部分检验可采用目视方法，即与原图进行叠加比对；而属性部分检验则是利用表格与原属性逐一进行比对。

②人机结合方法：通过在数据集上叠加相应的背景图，GIS 软件就可以完成对数据的处理和查询以及显示等操作，这样不仅能帮助检验员快速地找到对应的数据，而且还能帮助检验员了解数据中包含的信息，例如，人眼能够看到的颜色、形状、大小等几何位置及属性信息。

③地理相关法：利用空间数据地理要素的固有特征以及要素之间的相关关系来判别数据质量。比如从地表自然特征空间分布情况入手进行分析，山区河流应该处于微地形最低处，所以叠加河流与等高线时，如果河流位置没有处于等高线山谷连线处，那么就要检查是哪一种数据出现了错误。

(2)空间数据质量检查内容。空间数据质量检查主要包括数据来源与分类、数据格式、数据属性、数据组织与数据处理，而在数据检查与验收过程中需要使用三维图元与质量要素。

①二维图元质量检查内容：

空间数据二维图元质量检查的内容主要包括：空间参考系、位置精度、属性精度、完整性、逻辑一致性、时间精度、表征质量、附件质量等。具体的检查内容及指标见表5.1.5。

表 5.1.5　　　　　　　　　　二维图元质量检查内容

质量元素	质量子元素	检查项	检查内容	检查方法
空间参考系	大地基准	坐标系统	检查数据的坐标系统是否符合要求，通常要求采用2000国家坐标系	程序自动检查
	高程基准	高程基准	检查数据的高程基准是否符合要求，通常采用1985国家高程基准	程序自动检查
	地图投影	投影参数	检查数据的地图投影及各参数是否符合要求，通常采用高斯-克吕格投影	程序自动检查
位置精度	平面精度	平面位置中误差	检查数据平面位置中误差是否符合要求。DLG转换为基础地理实体图元之后，平面位置中误差应与源数据DLG保持一致；DLG源数据按照国家标准检查其平面位置中误差；必要时需进行外业校核	人机交互检查
		矢量接边	检查要素几何位置接边是否符合要求。对存量数据转换基础地理实体，应对传统分幅的DLG数据在图幅接边线两侧进行接边检查；对基于全息数据生产基础地理实体，需要检查相邻作业区基础地理实体数据几何位置接边精度是否符合要求	程序自动检查
	高程精度	高程中误差	检查高程精度、高度精度是否符合要求。如二维图元中房屋等实体的地面高程、顶面高程和房屋的高度是否正确	人机交互检查
属性精度	分类正确性	分类代码值	检查实体各图元属性分类代码值是否正确；例如：房屋面根图元属于居民地及设施门类，建筑物大类，房屋中类的，其根图元的图元分类代码为0KH0100A01；地铁线根图元属于交通门类，城市道路大类，轨道交通中类，地铁小类，其图元分类代码是02040101L01	程序自动检查
	属性正确性	属性值	包括属性空值检查（对数据库结构设计表中约束条件为M（必填）与C（选择性必填）规定的基础地理实体进行属性检查，判断其填值是否为空）、属性值域检查（即检查属性值是否在规定的值域范围内）、属性值逻辑正确性检验（检查属性值间是否逻辑矛盾）等	程序自动检查
完整性	多余	实体多余	检查是否采集生产了多余的基础地理实体。通常需要对照最新的遥感影像进行人机交互检查或野外实地检核	人工检查
	遗漏	实体遗漏	检查是否遗漏应该采集生产的基础地理实体数据。通常需要对照最新的遥感影像进行人机交互检查或野外实地检核	人工检查

续表

质量元素	质量子元素	检查项	检查内容	检查方法
	概念一致性	属性项	检查属性项定义是否符合数据规范要求，如属性字段完整性检查、属性字段命名检查、属性字段类型检查以及属性字段长度检查等	程序自动检查
		数据集	检查数据图层是否有缺失，数据图层的名称、别名是否符合标准；检查数据分层是否符合数据分层要求。根据标准，检查数据集（层）的几何类型是否正确。不同类型的基础地理实体的根图元、主体图元及构件图元的几何类型是否符合标准要求	程序自动检查
	格式一致性	数据格式	检查数据文件格式是否符合要求	人工检查
		数据文件	检查数据文件是否存在缺失、多余或无法读出等问题	人工检查
逻辑一致性	拓扑一致性	拓扑关系	检查图元间拓扑关系是否符合要求。例如，院落面根图元之间不能相互压盖；房屋面不能被院落切割等	程序自动检查
		重合	检查本应该重合的图元边线是否存在缝隙或重叠；检查不应该存在重叠的图元间是否有交叉重叠	程序自动检查
		重复	通过空间分析并结合属性信息，自动检查所有点、线、面图元是否有重复。检测标准为：属性相同，点间的间距小于0.2m，线的重合度超过90%，面的重合面积超过50%	程序自动检查
		相接	检查图元是否存在该相接但未相接，而形成悬挂点的情况	程序自动检查
		连续	检查图元是否存在断开不连续，即伪节点等问题。伪节点检查的目的在于查找出具有相同属性并共享节点的所有折线图元，以便将其按空间位置和属性进行合并。例如：两段道路中心线图元共享一个节点并具有相同的属性，则这两个线图元应合并为一个图元	程序自动检查
		闭合	检查是否存在应闭合但未闭合的图元，例如：作为制图要素的等高线是否闭合	程序自动检查
		打断	检查图元是否存在相交应打断而未打断等现象，例如：道路线主体图元中的道路中心线图元应在道路交叉口断开，以便于道路分段精细化管理；不同的河流中心线图元在河流交汇处应断开等	程序自动检查
时间精度	现势性	原始资料	检查基础地理实体转换或生产对应原始资料的现势性是否满足要求	人工检查
		成果数据	检查基础地理实体成果数据的现势性是否满足要求	人工检查

续表

质量元素	质量子元素	检查项	检查内容	检查方法
表征质量	几何表达	几何类型	对照附录A①中的标准,检查各类基础地理实体图元的几何类型(点、线或面)是否符合要求	程序自动检查
		几何异常	检查基础地理实体几何图形是否存在诸如微小面、微短线、折刺、回头线、粘连、自相交、抖动等图形异常;微小面的阈值为0.1m²;微短线的长度阈值为0.02m	程序自动检查
	地理表达	要素取舍	检查图元依据长度、面积或其他指标予以取舍是否符合要求	人机交互检查
		图形概括	检查基础地理实体图元合并概括是否保留了地物的空间形态特征	人机交互检查
		方向特征	检查有方向特性的基础地理实体的方向特征是否有误,如河流方向是否正确	人机交互检查
附件质量	元数据	项错漏	对照附录E②中设计的基础地理实体元数据库结构检查元数据项是否有错漏	程序自动检查
		内容错漏	对照附录E中设计的基础地理实体元数据库结构检查各项元数据内容是否有错漏	程序自动检查
	附件文档	完整性	检查对应的技术设计书、技术总结报告、质量检查报告及成果资料等文档是否齐全,内容是否有缺失	人工检查
		正确性	检查对应的技术设计书、技术总结报告、质量检查报告及成果资料等文档内容是否有冲突矛盾、计算错误、表述错误	人工检查
		权威性	检查技术设计书、技术总结报告、质量检查报告及成果资料等所采用的技术参数或技术指标是否有权威的标准为依据;技术设计书是否经过审批;相关评审、质检单位及人员是否具备相应的资质等	人工检查

按图元类型划分,每类图元主要考查的内容有:

a. 点状图元:主要检查是否存在重复点、微距点、飞点等错误。

b. 线状图元:主要检查是否存在伪节点、悬挂点、自相交、重复线、微短线、复合线、单点线、尖锐角、微距节点、重复节点、线方向错误等。

c. 面图元:主要检查是否存在面重叠、面缝隙、微小面、复合面等错误。

d. 点与线层间:重点检查点层与线层的相交、相离等空间位置关系是否合理,点与线上节点重合是否合理。例如,邮筒、信箱的点根图元应与其线主体图元相交,且点位与线主体图元的中点重合。

e. 线与线层间:重点检查不同线与线层间的相交、相离、相切等空间位置关系是否

---

①② 此处"附录A"和"附录E"是《基础地理实体数据组织与建库》(武汉市测绘研究院主编,武汉大学出版社2022年版)中的相应内容。

合理，例如，路段线主体图元应与城市道路线根图元完全重合(路段与路口的面根图元图形融合后与城市道路的面根图元图形保持一致)。

f. 线与面层间：重点检查线与面层间的相交、相离、相切位置关系是否合理，涵洞线根图元必须在其面主体图元内，线根图元的端点必须在其面主体图元边界上。

g. 面与面层间：重点检查不同面与面层之间的相交、相离、相切位置关系是否合理，例如，河流面根图元与湖泊面根图元相交处不能重复，不能存在缝隙；用地与院落图元相交处，不能存在压盖、缝隙等。

②三维图元质量检查内容：

三维图元主要包括：建(构)筑物、交通设施、地形、植被及绿化景观、水系、附属设施等模型。与二维图元类似，地理实体三维图元数据质量检查的内容主要包括：空间参考系、位置精度、表达精细度、属性精度、逻辑一致性、时间精度、场景效果、附件质量等，详见表5.1.6。

表5.1.6 **地理实体三维图元数据质量检查内容与指标**

质量元素	质量子元素	检查项	检查内容	检查方法
空间参考系	大地基准	坐标系统	检查数据的坐标系统是否符合要求，通常要求采用2000国家大地坐标系	人机交互检查
	高程基准	高程基准	检查数据的高程基准是否符合要求，通常采用1985国家高程基准	人机交互检查
	地图投影	投影参数	检查数据的地图投影及各参数是否符合要求，通常采用高斯-克吕格投影	人机交互检查
位置精度	平面和高程精度	平面和高程位置中误差	(1)检查倾斜摄影测量生成三维实体的基本定线点残差，检查点误差，公共点较差最大限值是否满足要求(详细指标参考表)；(2)对于三维模型的高程精度，还需检查房屋和地面是否贴合	人机交互检查
	相对位置	模型间相对位置	检查场景中模型相对位置关系是否有错误，如建筑与其他建筑或地貌出现悬空或穿插的情况	人机交互检查
		模型自身相对位置	检查模型附属部分与主体部分相对位置以及各附属部分相对位置是否有错误，如建筑模型中LOGO或窗户不应与模型主体出现悬空或穿插的情况	人机交互检查
表达精细度	模型精细度	模型精细度	检查不同类别与不同级别的模型精细度是否与应有的细节层次相一致	人机交互检查
	纹理精细度	纹理精细度	纹理应清晰，反差适中，颜色饱和，色彩鲜明，色调一致，有较丰富的层次	对模型三维，需对照影像或外业照片进行人工检查
	纹理正确性	纹理正确性	纹理要求清晰可辨、完整地反映出实际图案、无扭曲变形，真实地反映实体的透明度、光滑度、反光度、质感及材质等	人机交互检查

续表

质量元素	质量子元素	检查项	检 查 内 容	检查方法
属性精度	分类正确性	分类代码值	检查模型的分类编码值是否正确	人机交互检查
逻辑一致性	概念一致性	概念一致性	检查模型及纹理命名是否满足要求	人机交互检查
	格式一致性	格式一致性	检查三维模型存储结构、模型格式和纹理格式是否满足要求。如模型文件应采用 obj 格式，纹理应采用 tif、jpg、tga 格式；数据文件有无缺失、多余，数据是否可读	人机交互检查
	拓扑一致性	模型拓扑一致性	检查模型之间相邻、相离、包含等空间拓扑关系是否正确	人机交互检查
	表现一致性	模型表现一致性	检查模型表现及取舍规则是否符合要求。如同一条道路两侧同一类树木的纹理是否一致；如同一小区内房屋模型的立面、楼顶等综合取舍规则是否一致	人机交互检查
时间精度	现势性	原始资料	检查三维图元生产对应原始资料的现势性是否满足要求	人机交互检查
		成果数据	检查三维图元成果数据的现势性是否满足要求	人机交互检查
场景效果	场景完整性	场景完整性	检查模型是否有缺失、丢漏或多余；检查模型是否有破损、拉花、融蜡、变形等问题；检查模型是否有冗余面；模型覆盖范围是否符合设计要求	人机交互检查
	场景协调性	场景协调性	检查模型的颜色、质地、图案与实物纹理是否协调一致；检查场景整体色彩、明暗对比、光照效果是否协调一致；检查模型结合处是否有较大穿插、漏缝、悬浮、重叠或错漏等	对照外业照片检验立面结构及贴图
附件质量	元数据	项错漏	对照附录 E 中设计的地理实体三维元数据库结构，检查元数据项是否有错漏	人机交互检查
		内容错漏	对照附录 E 中设计的地理实体三维元数据库结构，检查各项元数据内容是否有错漏	人机交互检查
	附件文档	完整性	检查对应的技术设计书、技术总结报告、质量检查报告及成果资料等文档是否齐全，内容是否有缺失	人机交互检查
		正确性	检查对应的技术设计书、技术总结报告、质量检查报告及成果资料等文档内容是否有冲突矛盾、计算错误、表述错误	人机交互检查
		权威性	检查对应的技术设计书、技术总结报告、质量检查报告及成果资料等所采用的技术参数或技术指标是否有国家、省、市版本的标准为依据；技术设计书是否经过审批；相关评审、质检单位及人员是否具备相应的资质等	人机交互检查

5.2 空间数据质量评价

GIS 系统的建立应特别重视对空间数据误差及数据错误问题的处理。数据处理过程中，应严禁错误资料的介入，并尽可能地降低资料所包含的错误。从数据误差累积性来看，如果不对 GIS 数据质量进行严格把控，则用户使用该类数据产品后，发现数据和实际地理状况存在很大差异，将逐步失去对该类 GIS 产品的信任。

在大数据时代，GIS 行业若有生存和发展之需，就必须对空间数据在理论设计和生产的全过程中所存在的问题给予足够的重视，正确客观地评价空间数据库的质量。

5.2.1 空间数据质量评价原则

科学合理地评价 GIS 空间数据，需考虑如下原则：

(1)系统性原则。由于地理信息系统质量特性指标受到相关经济指标的影响与制约，因此对于质量管理系统以整体的优化为参考。从质量管理系统的纵向维度分析可知其系统内部的层次是层层递进不能分开的结构关系。简而言之，就是系统内部层次之间的关系是高层次对低层次的归纳综合，低层次是对高层次的不断分解，这样的递进结构关系形成的指标网络具有严格、有规律可循的特点。综上可知，地理信息系统质量管理是对总系统的一种简化。

(2)实用性原则。地理信息系统内的各种评价指标不仅具有相对稳定性而且还可进行查询，利用数据进行计算，以及进行数字化考核。

(3)可操作性原则。对于建立的综合评价方案，在应用过程中对各种指标体系，要求具有可获取的正确数据以及每个指标可进行操作的特点。

(4)目的性原则。综合评价指标体系的构成与评价结果，都是围绕着综合评价目的与意图进行展开和体现的。

(5)层次性原则。建立综合评价指标体系的层次结构为进一步的因素分析提供条件。

(6)一致性原则。由于同一评价指标体系内的不同评价方法造成评价不同，因此，在建立评价指标体系前可先对评价方法进行确定。

(7)可比性原则。在建立的评价指标体系中，对象的评价应该具有公平性、对比性，不同时间段的不同范围内可进行横向和动态比对。因此，在指标体系中不能存在强烈的"偏袒性"指标。

(8)全面性原则。地理信息系统的质量存在于整个系统开发过程和维护阶段内，因而有必要为了全面体现系统的质量情况而建立一套完善的、具有科学性和实用性的质量评价模型。建立的模型能够从各个侧面对评价问题进行反映。即评价指标体系必须反映被评价问题的各个侧面，否则，评价结果将是不准确的。同样为了刻意追求全面性的评价而建立复杂的质量评价模型，也会导致负面作用如不够灵活和主动等。综上可知建立的质量评价模型应简练实用，具有综合性。

(9)科学性原则。在建立质量评价体系中从元素到整个结构的过程中尽量使得每一个指标计算内容到计算方法都必须合理、科学且准确。质量评价模型的建立必须具有科学性和可靠性、实用性，能够联系实际真实体现 GIS 质量水平，对相关开发部门为提高产品的质量也具有引导作用。

5.2.2 现有的空间数据质量评价方法

目前亟待解决的问题是怎样对空间数据质量进行全面、准确、科学的描述与评价。许多数据生产者和使用者对空间数据质量的评价方法进行了深入研究和探讨。目前使用的空间数据质量评价方法种类繁多，主要分为直接评价与间接评价。直接评价方法是指数据集采用全面检测或者抽样检测方式，也称为验收度量，面向对象是生产出来的数据集。间接评价方法就是对资料来源、质量生产方法以及其他间接资料进行资料与质量评价，也称为预估度量，面对的是间接信息，只能通过误差传播的原理，根据间接信息估算出最终成品数据集的质量。

1. 直接评价法

直接评价法也有内外之别。内部直接评估方法需要所有的资料只在内部对数据集进行评价。以属性拓扑结构数据集为例，对边界闭合拓扑一致性进行逻辑一致性检验所需的全部信息。外部直接评价法需要参考外部数据对数据及测试。如在数据集中进行道路名称完整性测试时，则需另外道路名称原始性信息。

常用的直接评价方法有缺陷扣分法、加权平均法和基于加权平均的缺陷扣分评分方法。缺陷扣分法的基本思想是对抽样数据中不同类型的错误和误差，按照其对数据质量影响程度的大小分别扣分。缺陷扣分法通过计算单位产品的得分值来评价产品的质量。具体操作步骤为设置单位产品的满分，一般设为 100 分，先对 GIS 产品中存在的缺陷进行判定，按照各缺陷的严重程度进行扣分，再将各缺陷的扣分值累加，最后以满分减去累加的扣分值，作为该产品的得分值，由得分值来判定产品质量。目前按缺陷的严重程度，将缺陷分为严重缺陷、重缺陷和轻缺陷三种(见表 5.2.1)。缺陷扣分法的优点是操作简单方便，对缺陷反应灵敏，缺陷值方便量化，通过缺陷扣分情况，可直接对应获得产品的质量等级；缺点是各等级缺陷扣分值跨度过大，评价结果比较粗糙。

表 5.2.1　　　　　　　　　　　　　　缺陷分类表

严 重 缺 陷	重 缺 陷	轻 缺 陷
单位产品的极重要质量元素不符合标准，不经处理，则用户就不能正常使用的缺陷	单位产品的重要质量元素不符合标准或单位产品的一般质量元素严重不符合规定，用户使用时会造成重大影响的缺陷	单位产品的一般质量元素不符合标准，对用户使用有轻微影响的缺陷
产品质量：优秀>良好>合格>不合格		

加权平均法是首先选择适用的数据质量元素和子元素，并将数据集按照特征分成若干地物要素，如居民地、道路、水系、植被等，给每一种地物要素按照其在数据集中的重要

性分配一个适当的权重,然后为每一个数据质量元素选择一种数据质量量度,再对数据集的每一种地物要素进行抽样,统计该地物要素中错误数据的总量占抽样数据的百分率,得出数据及各要素的正确率,最后按照各要素的权重计算其加权平均,并把它作为数据质量的结果值。

基于加权平均的缺陷扣分评价方法,是缺陷扣分法和加权平均法的融合,既考虑同一类要素中不同缺陷级别对数据质量结果的影响程度,也考虑不同地物要素在数据集中的重要程度造成的要素错误,对数据质量的影响程度不同。该方法评价结果较前面两种方法准确,但操作过程复杂。

以数字线划图(DLG)为例来说明缺陷扣分法的具体步骤:

(1)建立空间数据质量评价体系。根据空间数据的特点,确定质量评价指标体系,具体划分见表 5.2.2。

表 5.2.2　　　　　　　　　　　空间数据质量元素与权重表

一级质量元素	权重	二级质量元素	权重
数学精度	0.30	数学基础精度	0.10
		平面位置精度	0.45
		高程精度	0.45
属性精度	0.25		
逻辑一致性	0.15		
完整性与正确性	0.15		
图形质量	0.10		
附件质量	0.05		

(2)确定权重。空间数据质量指标体系中各个质量元素对综合评价结果的贡献大小采用权重系数表示,权重系数的大小反映了在综合评价中各参评质量元素的相对重要程度。确定权重系数的方法可归纳为特尔斐测定法与数学方法两类,在此不作详细介绍。如表 5.2.1 中的权重是参考有关标准,再结合专家建议,根据抽样试验确定得到。

(3)创建缺陷分类表。产品的质量元素不符合规定,称为缺陷。根据缺陷对成果使用影响程度的大小,将其分为严重缺陷、重缺陷、轻缺陷三类,分配相应的扣分。在实际工作中,存在重缺陷与轻缺陷扣分值跳跃太大等问题,则增加"次重缺陷"。列举产品所有可能出现的缺陷,制定出 DLG 产品缺陷分类表。

(4)单因素质量评价。空间数据每一个质量元素预先设置为 100 分,根据检验结果采用不同的方法进行评价。

(5)多因素质量综合评价。多因素质量综合评价包括一级质量元素数学精度综合评价与图幅质量综合评价。

(6)等级评定。根据图幅得分,按规定的分值区间自动判定图幅数据质量的等级。对一幅 1∶5 万 DLG 数据进行质量检验与评价,结果见表 5.2.3。

表 5.2.3　　　　　　　　　　　评 价 结 果

质量指标	检验值/m	严重缺陷	重缺陷	次重缺陷	轻缺陷	扣分值	得分值	权重系数
数学基础精度		0	0	0	0	0	100	0.3 * 0.10
平面位置精度	18.0	0	0				78.51	0.3 * 0.90
属性精度		0	0	2	2	10	90	0.25
逻辑一致性		0	0	1	6	10	90	0.15
完整性与正确性		0	0	2	4	12	88	0.15
图形质量		0	0	1	3	7	93	0.10
附件质量		0	0	1	5	9	91	0.05
综合评价	缺陷总数 27							
总得分	87.25　　等级为良							

2. 间接评价法

间接评价法是一种基于外部知识的数据及质量评价方法。外部知识可包括但不限定数据质量综述元素和其他用来生产数据集的数据集或数据的质量报告。在下列几种情况下，间接评价法是有效的：使用信息中记录了数据集的用法，数据日志信息记录了有关数据集生产和历史的信息，用途信息描述了数据集生产的用途。

间接评价只是推荐性的，仅在直接评价方法不能使用时使用。针对数据质量的间接评价，需要使用基于概率论、模糊数学、空间统计理论等提出的误差传播数学模型，但这些模型的应用必须满足一些适用条件，因此目前间接评价的方法应用还比较少，在数据质量的评价工程应用中，使用较多的是直接评价方法。

◎ 课后习题五

1. 影响空间数据质量的四个要素。
2. 解释 GIS 空间数据中处理误差以及举例说明。
3. 阐述空间数据质量控制的意义。
4. 列举空间数据质量检查的方法。

第6章 空间数据库的应用

现实生活中，大部分的数据具有空间属性，例如，地址、电话号码、客户统计分布数据或者资产分布数据等。这些数据都具有空间信息，而且是与地理位置的相关信息。利用这些数据信息的空间属性进行数据分析，可以总结其发展趋势，便于挖掘事物内在本质及其联系。总而言之，快速有效地管理空间数据，根据其空间属性进行分析，对于当今的行业应用来说，是必备能力，特别是在市政管理、城市规划、治安管理、道路交通、医疗保健等领域，这种能力显得更加重要。

但空间信息也有其自身的特点，其具有数据量大，结构复杂多变，运算为计算密集型有自相关性特点。随着技术飞速发展，GIS 等空间信息技术被运用到各个领域。与此同时，遥感和其他空间信息的获取技术也在不断地进步，现代社会发展对位置服务与分析决策也提出了越来越紧迫的要求，所以对空间信息技术理论和方法进行深入学习和把握的意义也越来越突出。而能够进行空间操作的数据库具有明显的优势，它包含许多能够根据其地理属性进行分析的基本信息。所有在普通数据库中能够开展的空间操作在空间数据库中均可以进行。正是由于目前实际生产生活的迫切需求，促使人们对空间数据库管理系统进行研究。

6.1 空间数据查询与统计

GIS 项目的数据分析对 GIS 数据管理而言是核心功能之一。对 GIS 数据管理来说，"查询与分析统计"也很关键。如何将复杂又庞大的空间信息转换成直观、易于操作的可视化图形？如何才能完成这项任务？从哪里入手呢？找什么属性？有什么样的数据关系？如何从这些复杂而又庞大的数据里精确提取有效信息？分析人员可以采用各种方法来解决这个问题，如数据查询和统计分析。其中，数据查询能够对数据进行不同角度的观测，使得信息的处理与合成变得更加方便。GIS 软件可同时实现地图、统计图、图解及表格等多种功能，非常适合用作数据查询与统计。GIS 中数据查询包括空间数据查询和属性数据查询两个方面；空间数据查询，如查询一条公路经过哪些村庄。属性数据查询，如查询某个城市 GDP 总量。由此可以看出，GIS 的查询不仅仅是简单的查询和统计，除了数据查询还涉及以地图为单位的数据运算、属性数据查询、空间数据查询等。

6.1.1 矢量数据查询

地理信息系统(GIS)是一种用于获取、储存、管理、运行、分析、模型化、展示地理空间信息等功能的计算机软件系统。地理信息系统的操作对象是地理实体数据，包括地理实体的空间数据和属性数据。地理信息作为空间信息中最重要的属性信息之一,在地理信息系统中起着至关重要的作用,但由于数据量大以及用户需求变化快等原因,使得传统的地理信息系统难以满足实际应用需求。随着 GIS 技术的发展,目前已有多种 GIS 二次开发平台提供丰富的查询接口供用户进行空间查询、SQL 查询等操作。GIS 中的矢量数据查询主要分为两种类型:属性查图和图查属性。属性查图是指以属性作为筛选条件来查询元素的空间位置,并可将所选数据子集在表内同时显示出来,同时与地图上高亮显示元素相关联。图查属性是指在地图上直接或间接地查找到的数据,主要是以空间信息作为筛选条件获取有效信息。下面详细介绍矢量数据的这两种查询方式。

1. 属性查图

属性数据是与空间位置相关、反映事物某些特性的数据,如名称、类型、数量等,一般用数值、文字表示,也称作非空间数据。属性数据表现了空间实体以外的其他属性特征,是对空间数据的补充说明。属性数据是进行空间分析操作的必要数据。在 GIS 中,属性数据可以用于设置空间数据的样式,做出美观的地图产品。有的空间分析操作需要使用特定的属性数据参与运算才能得到相对可靠的结果。比如路径分析,除了提供路网拓扑关系之外,道路等级、道路方向、收费信息等对分析结果将产生较大影响,没有属性信息的参与,仅仅根据路网空间关系进行路径分析,得到的结果往往是不准确的。

空间数据属性表中的记录与空间对象一一对应,空间对象以图形的方式被加载到地图窗口,属性数据以表格的形式存储在数据库中,使用表达式可以对表格进行查询和过滤,得到空间数据子集。例如,根据行政区划代码从全国县级行政区划图层中选取某个省份的县界。属性数据查询需要使用逻辑表达式,例如,ArcGIS 使用 SQL(结构化查询语言)作为查询表达式。SQL 是一种专为操作关系数据库而设计的语言。例如,在 ArcGIS 属性表窗口中,点击表格左侧的方块可使该记录处于选中状态,即变为蓝色,此时,地图窗口中对应的要素也变为选中状态,呈现为蓝色边界,可以选择任意多个记录。

用 ArcGIS 打开数据"\ 练习数据 \ ex6_1 \ 查询 \ townshp.shp",如图 6.1.1 所示,在"townshp"属性表中选中志远县两块区域,相应的地图要素也会呈现被选中状态。也可以在 ArcGIS 中的"选择"下,用"按属性选择"功能,将 SQL 语句设置为查询表达式,进行符合条件要素的筛选,如图 6.1.2 所示,筛选"1994 年总人口数大于 60000 人的区域",表达式设置为:"Pop_94">60000,在地图上筛选出符合要求的两个区域。

2. 图查属性

图查属性是指通过对空间要素几何图形直接操作来检索其对应的属性数据子集的过程。即通过对图形的操作,如鼠标移动、悬停、点击或者选择操作,查询到其对应的属性信息。

最简单的图查属性方式如下:在 ArcGIS 中,打开"\ 练习数据 \ ex6_1 \ 查询 \ townshp.shp",点击工具栏的"识别"工具,使其呈选中状态,鼠标点击地图要素,该要素标识信息将以识别面板的方式显示出来,显示该要素的所有属性信息,效果如图 6.1.3 所示。

1) 由图形选择要素

由图形选择要素是最简单的图查方式,是通过拖动一个框或者圆等图形来选择落在里面的图层要素。这些图形可以用绘图工具或从 GIS 图层选定的空间要素(如一个地块、一

6.1 空间数据查询与统计

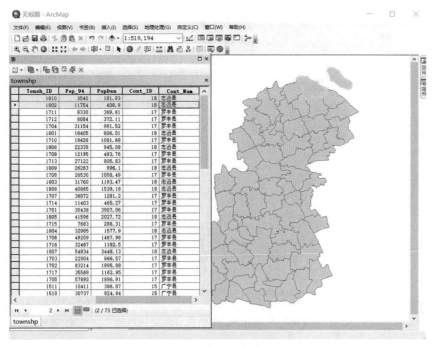

图 6.1.1 在属性表中选择

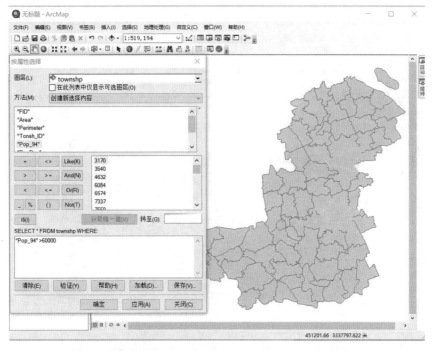

图 6.1.2 按属性查询 1994 年总人口数大于 60000 人的区域

第6章 空间数据库的应用

图 6.1.3 "识别"工具查看图形属性

个行政区划)转换而得到。

在 ArcGIS 中,打开" \ 练习数据 \ ex6_1 \ 查询 \ scho. shp 和 parcel. shp"文件,如图 6.1.4 所示,再查询包含其中的学校(scho 中的点状地物),如图 6.1.5 所示。

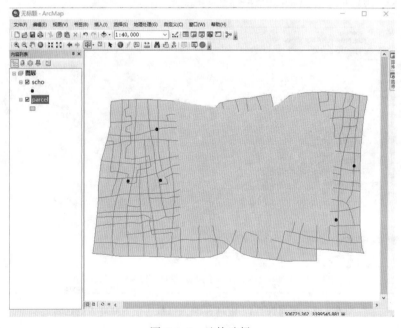

图 6.1.4 地块选择

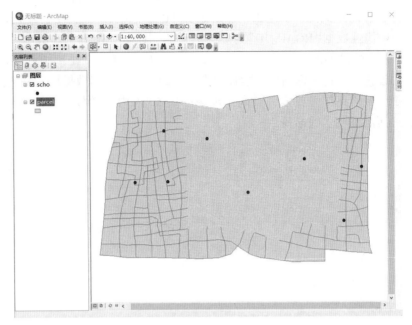

图 6.1.5 包含在地块范围内的学校

2）由空间关系选择要素

空间实体间存在着多种空间关系，包括拓扑、顺序、距离、方位等关系。通过空间关系查询和定位空间实体是地理信息系统不同于一般数据库系统的特点之一。

简单的面、线、点相互关系的查询包括：

（1）面面查询：查询与某个面实体相邻的其他面实体，如与某个多边形相邻的多边形有哪些？

（2）面线查询：查询经过某个面实体的线实体，如与经过某个面的道路有哪些？

（3）面点查询：查询某个面实体范围内的点实体，如某个多边形内有哪些点状地物？

（4）线面查询：查询某条线实体经过的面实体，如某条线经过（穿过）的多边形有哪些，某条线的左、右多边形是哪些？

（5）线线查询：查询与某条线实体相连的其他线实体，如与某条河流相连的支流有哪些，某条道路跨过哪些河流？

（6）线点查询：查询距离某条线实体一定范围内的点实体，如某条道路上有哪些桥梁，某条输电线上有哪些变电站？

（7）点面查询：查询某点实体被包含在哪一个面实体的内部，如某个点落在哪个多边形内？

（8）点线查询：查询距离某一个点实体一定范围内的线实体，如某个节点由哪些线相交而成？

3）空间属性联合查询

当查询条件中既包含空间位置，又同时包含属性信息的，我们就需要空间属性联合查询。

ArcGIS 中具体操作过程为:打开"练习数据 \ ex6_1 \ 查询 \ 空间属性联合查询.mxd"文件,查询距离 ID 号为 272 号的道路 50 米范围内的学校。首先按属性查询"road"数据层中属性数据"ROAD_ID"为 272 的道路,设置如图 6.1.6 所示,找到对应的 272 号道路,查询结果如图 6.1.7 所示。接着,按空间位置查询距离道路 50 米的学校,如图 6.1.8 的设置,设置目标图层是学校数据层,源图层是道路数据层,并选择刚才属性查询得到的 272 号道路作为要素,查询距离源图层 50 米内的学校,查询结果如图 6.1.9 所示,找到一所满足要求的学校。

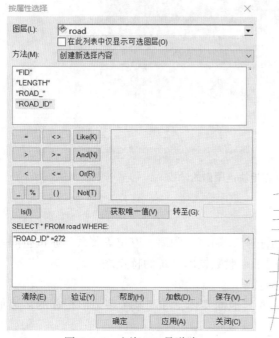
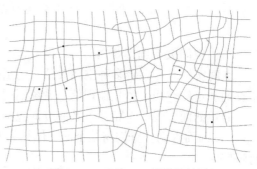

图 6.1.6　查询 272 号道路　　　　图 6.1.7　查询 272 号道路结果

6.1.2　栅格数据查询与分析

栅格数据是空间分析中另一种常用的数据格式。栅格数据具有结构简单、利于计算等优势,方便进行空间分析。相较矢量数据空间分析,栅格数据空间分析功能更强大,数据处理能力更强,是空间分析中不可或缺的。就数据查询来说,栅格数据和矢量数据在概念上甚至某些方法上是基本一致的,但两者的具体应用是有区别的,所以有必要介绍栅格数据的查询与空间分析。

1. 按属性或空间位置提取

栅格数据中像元数值一般表示这个像元所在位置的空间要素(例如高程值等)的属性值。栅格数据要素的查询操作数由栅格自身而非矢量数据查询中字段来决定。对于矢量数据,复合表达式中的所有属性必须是在同一个属性表或者经过合并的属性表内。像 ArcGIS

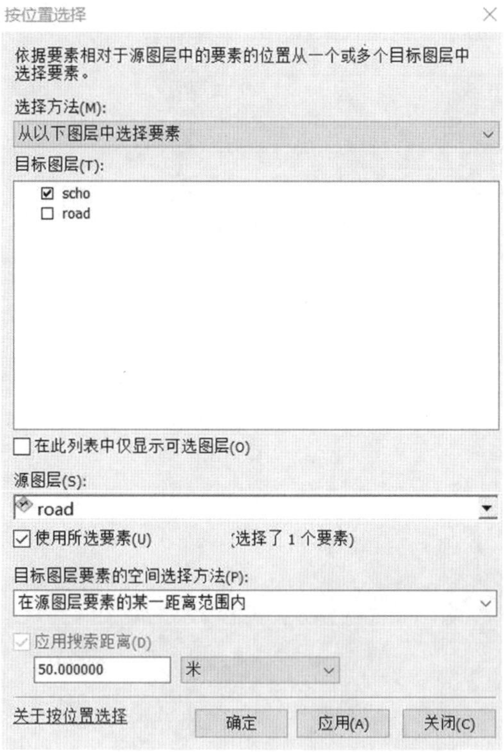

图 6.1.8　空间查询设置 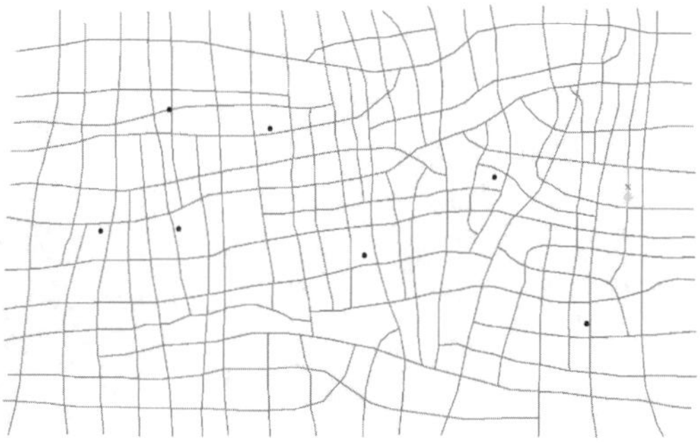　　　　图 6.1.9　查询距离 272 号道路的学校结果

这样的 GIS 软件包具有为矢量数据查询而专门设计的对话框,而栅格数据的查询工具却经常混在栅格数据的分析工具中。

1) 按属性查询提取

在 ArcGIS 中,按照属性值提取像元,点击"工具箱"→"系统工具箱"→"Spatial Analyst"→"提取分析"→"按属性提取"。"按属性提取"工具是基于逻辑查询提取栅格单元,利用 SQL 语言中的 Where 语句提取特定属性值的栅格单元。打开"练习数据 \ ex6_1 \ 查询 \ dem1.tif",按属性提取高程值小于等于 800 的区域,where 子句设置为 Value <= 800,输出栅格路径自行决定,如图 6.1.10 所示。点击"确定"按钮,得到查询分析的结果,如图 6.1.11 所示。

2) 按空间位置查询

用到的工具包括"按多边形提取""按矩形提取""按圆提取"等。按照像元空间位置的几何提取像元时,要求像元组必须位于指定几何形状的内部或外部。如果中心位于轮廓的内部,则即使部分像元落在几何形状之外,也会将此像元视为完全处于几何内部,未选择的像元位置被赋予 NoData 值。

在 ArcGIS 中的具体操作过程为:打开"练习数据 \ ex6_1 \ 查询 \ dem1.tif 和矩形.shp"文件,选择"工具箱"→"系统工具箱"→"Spatial Analyst"→"提取分析"→"按矩形提取"工具,在弹出的对话框中设置输入的栅格数据"dem1.tif"和范围"与图层矩形相同",如图 6.1.12 所示,输出栅格路径自行决定。提取的区域有两个选项:"INSIDE",指定应

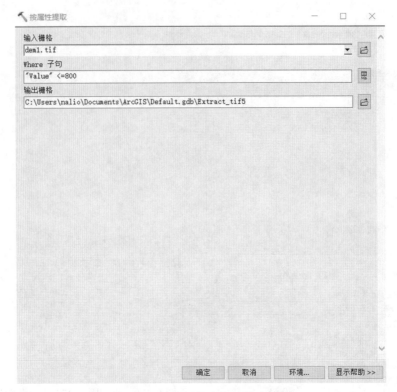

图 6.1.10　按属性查询并提取栅格

图 6.1.11　查询分析结果

选择输入矩形内部的像元并将其写入输出栅格的关键字。矩形区域外部的所有像元都将在输出栅格中获得 NoData 值，这是默认值。"OUTSIDE"，是指定应选择输入矩形外部的像元并将其写入输出栅格的关键字。矩形区域内部的所有像元都将在输出栅格中获得 NoData 值。这里选择"INSIDE"，再点击"确定"，提取结果如图 6.1.13 所示。

6.1 空间数据查询与统计

图 6.1.12　按矩形范围查询提取栅格属性

图 6.1.13　按矩形范围提取栅格结果

2. 按像元值提取

通过点要素类识别的像元值可以记录为新输出要素类的属性，用到的工具为"值提取至点"工具。此工具仅可以从一个输入栅格中提取像元值，基于一组点要素提取栅格像元值，并将这些值记录到输出要素类的属性表中。

在 ArcGIS 中的具体操作过程为：打开"练习数据 \ ex6_1 \ 查询 \ dem1.tif 和矩形.shp"文件，使用"工具箱"→"系统工具箱"→"Spatial Analyst"→"提取分析"→"值提取至点"工具，设置要输入的点要素和栅格数据"dem1.tif"，输出点要素路径自行决定，如图 6.1.14 所示。对于"在点位置上插值"选项：若未选中，不应用任何插值法，将使用像元中心值；若选中，将使用双线性插值法根据相邻像元的有效值计算像元值，除非所有相邻像元都为 NoData，否则会在插值时忽略 NoData 值。对于"将输入栅格数据的所有属性追加到输出的点要素"选项：若未选中，仅将输入栅格的值添加到点属性；若选中，输入栅格的所有字段("计数"除外)都将添加到点属性。点击"确定"，提取的位置和提取的属性表结果如图 6.1.15 所示。

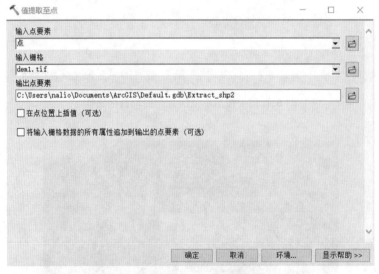

图 6.1.14　值提取到点

3. 栅格重分类

栅格重分类工具可通过多种方法将像元值重分类或更改为替代值。一次对一个值或成组的值进行重分类的方法有：使用替代字段；基于某条件，如指定的间隔(如按照 10 个间隔将值分组)；按区域重分类(例如，将值分成 10 个所含像元数量保持不变的组)。这些工具可帮助用户将输入栅格中的众多值轻松地更改为所需值、指定值或替代值。

所有重分类方法均应用于区域中的每个像元。也就是说，当对现有值应用某替代值时，所有重分类方法都可将该替代值应用到原始区域的各个像元。重分类方法不会仅对输入区域的一部分应用替代值。对栅格数据进行重分类的常见原因是为了达到以下目的：

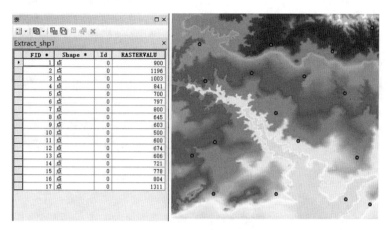

图 6.1.15 点提取的结果

①基于新信息替换值;②将某些值分组;③将值重分类为常用等级;④将特定值设置为 NoData,或将 NoData 像元设置为值。

下面详细介绍以下几种分类情况:

1)基于新信息替换值

若输入栅格的值要用新值来代替,重分类是非常有用的。其原因可能是发现像元值其实应是另一数值,如某一地区土地利用类型会随时间变化等。

2)将某些值分组

可能需要简化栅格中的信息。例如,可能要将多种类型的森林组合为一个森林类。

3)将值重分类为常用等级

进行重分类的另一个原因是要将偏好值、敏感度值、优先级值或者某些类似的条件指定给某栅格。可对单个栅格(例如对于土壤类型栅格,可指定用值1到10代表土壤腐蚀的可能性)或多个栅格执行此操作,从而为其值创建一个相同的等级。

4)将特定值设置为 NoData 或者为 NoData 像元设置某个值

有时用户需要从分析中移除某些特定值。例如,可能是因为某种土地利用类型存在限制(如湿地限制),从而使用户无法在该处从事建筑活动。在这种情况下,用户可能要将这些值更改为 NoData 以将其从后续的分析中移除。

在另外一些情况下,用户可能要将 NoData 值更改为某个值,例如,表示 NoData 值的新信息已成为已知值。

下面以一个例子来演示"将值重分类为常用等级"的步骤:

在 ArcGIS 中具体操作过程为:打开"练习数据 \ ex6_1 \ 查询 \ dem2.tif",要求把高程数据分为5类。选择"工具箱"→"-系统工具箱"→"Spatial Analyst"→"重分类"工具,在弹出的对话框中,输入要进行重分类的栅格数据,设置重分类字段为高程字段"Value",如图 6.1.16 所示。点击"分类"按钮,选择分类方法"自然间断点分级法",分为5类,如图 6.1.17 所示,输出栅格路径自行决定,再点击"确定"。打开重分类栅格数据层的属性,在符号系统选项卡中,调整分类区间,选择"已分类",设置对应的分类级别为:5,

选择合适的色带,如图 6.1.18 所示,再点击"确定"。最终的分类结果如图 6.1.19 所示。

图 6.1.16　重分类设置

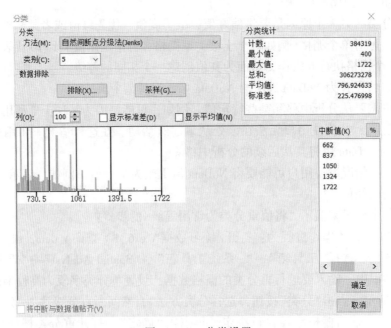

图 6.1.17　分类设置

6.1 空间数据查询与统计

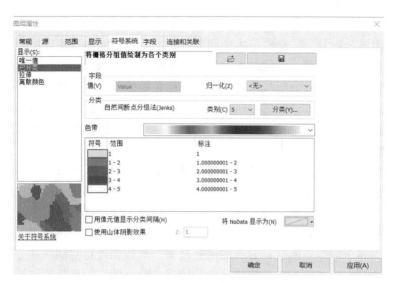

图 6.1.18 调整分类区间

图 6.1.19 重分类结果

6.1.3 空间数据统计

空间数据统计分析主要分为空间数据统计分析和数据空间统计分析。

空间数据统计分析侧重于空间物体与现象非空间特性统计分析,其核心问题之一是如何用数学统计模型描述与模拟空间现象与过程,即把地理模型转化为数学统计模型,这样便于定量描述与计算机处理,重点在于常规统计分析方法特别是多元统计分析方法处理空间数据,其中空间数据描述事物空间位置不受约束。例如,趋势面拟合广泛用于地理数据的趋势分析,但该分析只考虑样本值大小而没有考虑地理空间上这些样本分布特征和它们之间的位置关系。就此而言,空间数据统计分析从许多方面来看,它与普通数据分析没有本质区别,但空间数据统计分析成果解读却不可避免地依赖地理空间,许多时候其成果都是通过地图方式加以刻画和表示的。所以,对空间数据进行统计分析,虽然分析过程并不考虑数据抽样点所处的空间地位,但是所刻画的仍是一种空间过程、所揭示的同样是一种空间规律与机制。

数据空间统计分析就是直接以空间物体在空间中的位置、关联等为切入点,对既有随机性也有结构性的自然现象进行研究,或者对存在空间相关性与依赖性的自然现象进行分析。凡涉及空间数据结构性和随机性问题,或是空间相关性和依赖性问题,或是空间格局和变异相关研究内容,以及对这类数据进行最优无偏内插估计,或是模拟这类数据离散性及波动性等,均属于数据空间统计分析的研究范畴。对数据进行空间统计分析并非摒弃传统的统计学理论与方法,而是以传统统计学为依据。数据的空间统计学和经典统计学有一个共同特点:均以大量采样为基础,对样本属性值频率分布、均值和方差之间的关系及对应规则进行分析来确定空间分布格局和相关关系。数据的空间统计学与经典统计学最主要的不同点在于:数据的空间统计学不仅考虑了样本值大小的影响,而且还注重样本空间位置和样本之间距离的影响。空间数据存在着空间依赖性(空间自相关),空间非均质性等空间结构问题,这些问题歪曲了经典统计方法中的假设条件,从而使经典统计模型在分析空间数据时存在着虚假解释现象。经典统计学模型以观测结果彼此独立为假设前提,而事实上地理现象间大多没有独立性。数据的空间统计学是建立在空间对象之间的相关关系以及不单独的观察之上的,这些关系与距离相关,且随距离增大而改变。这些问题都被经典统计学忽略了,但是它们在空间统计学中成为分析的重点。

空间数据统计分析和经典统计学在内容上常常相互交叉。空间数据统计分析是用统计方法对空间数据进行判读,并对其是否具有"典型性"和"预期性"进行统计分析,也有其独特的空间自相关分析。空间数据统计主要内容包括:

(1)基本统计量。统计量体现了数据特征,也是进行统计分析的依据。常用的基本统计量主要包括:最大值、最小值、极差、均值、中值、总和、众数、种类、离差、方差、标准差、变差系数、峰度和偏度等。这些统计量反映了数据集的范围、集中情况、离散程度、空间分布等特征,如图 6.1.20 所示。

(2)探索性数据分析。探索性数据分析可以使用户更加深刻地理解数据和理解研究对象,以便更好地就与数据有关的问题进行决策。探索性数据分析包括识别统计数据属性,检测数据分布,分析全局与局部异常情况(过大或过小),探求全局变化趋势,研究数据的空间自相关以及了解多个数据集的相关性等。

(3)分级统计分析。分级统计就是将资料进一步加工和分析,使之能够较好地揭示资料规律或者制图时取得较好的结果。

(4)空间插值。根据探索性数据分析的结果选取适当的数据内插模型,通过已知样点建立面并考察其空间分布情况。

(5)空间回归。研究多个变量间的统计关系,并利用空间关系(包括顾及空间自相关

6.1 空间数据查询与统计

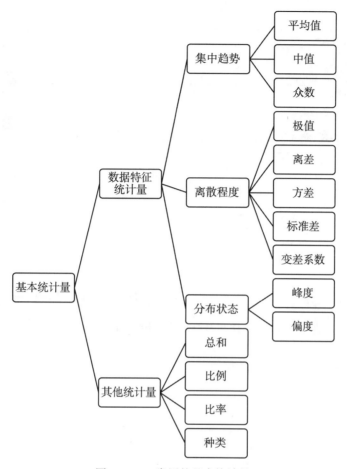

图 6.1.20 常用的基本统计量

性)将属性数据和空间位置关系有机地融合在一起,较好地说明了地理事物在空间上的关系。

(6)空间分类。在地图表达的基础上,利用类似于变量聚类分析的方式生成新型综合性或简洁性专题地图,包括主成分分析,以及层次分析的多变量统计分析和系统聚类分析和判别分析的空间分类统计分析。

下面介绍两个例子来说明:

1. 求中心位置

在 ArcGIS 中的具体操作是:打开"练习数据\ ex6_1\ 空间统计\ citys.shp"文件,要求出 34 个城市的平均中心。选择"工具箱"→"系统工具箱"→"空间统计工具"→"度量地理分布"→"平均中心"工具,在弹出的对话框中进一步输入要素"citys",输出要素类路径自行决定,如图 6.1.21 所示。在确定之后,产生平均中心要素,是一个点要素,为 34 个城市的几何中心,可以把它的符号设置成五角星,如图 6.1.22 所示。

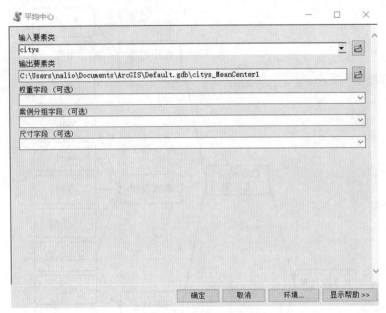

图 6.1.21 平均中心设置

图 6.1.22 平均中心结果

2. 离散度

在 ArcGIS 中的具体操作是：打开"练习数据 \ ex6_1 \ 空间统计 \ citys. shp"文件，要求出 34 个城市空间分布的离散度。调出"工具箱"→"系统工具箱"→"空间统计工具"→"度量地理分布"→"标准距离"工具，在弹出的对话框中，设置输入要素类为"citys"，圆大小为"1_STANDARD_DEVIATION"（空间距离标准差的一倍），如图 6.1.23 所示。在确定后，得出的结果如图 6.1.24 所示，是一个圆形要素，圆的半径反映了这 34 个城市空间分布离散度，圆心和平均中心的位置一致。

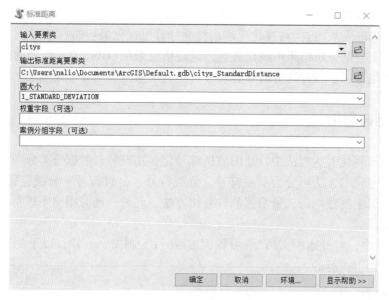

图 6.1.23　标准距离设置

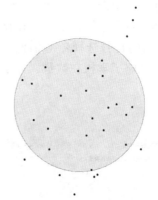

图 6.1.24　标准距离反映 34 个城市的空间离散度

6.2　空间数据可视化表达

为了使地理空间信息能够被计算机接收和处理，需要将其转换成数字信息保存在计算机内。这些数字信息在计算机上可以被辨识，而人类肉眼却无法快速读取，要把它们转换成人类可以快速读取的地图图形，才能有其实际的应用价值。这个转化过程就是空间数据可视化。

地图数据可视化表示，其根本意义在于地图数据在屏幕上显示。我们可以依据数字地图数据分类、分级特点，选取相应视觉变量（例如形状，大小，色彩）来绘制全要素或者分要素所代表的可读地图,例如屏幕地图、纸质地图或者印刷胶片。

地理信息可视化表达是指采用多种数学模型将各种统计数据、实验数据、观测数据和地理调查资料分级处理后,再选取合适的视觉变量用专题地图(例如分级统计图、分区统计图和直方图)来表达,这类可视化反映出科学计算可视化最初的意义。

此外,还有空间分析结果可视化表达。地理信息系统(GIS)的重要功能之一是空间分析,主要有网络分析、缓冲区分析和叠加分析,其结果通常用专题地图表示。

6.2.1 数据符号化

空间数据可视化表达方法中,地图数据符号化是用符号对数据分类分级、概括化和抽象化。通常符号化的方法可分为单一符号、分类符号、分级符号、分级色彩、比率符号、统计符号等。以上方法均为矢量数据的符号化方法,此外,还有栅格图形符号化方法,在此不展开介绍。

在 ArcGIS 中,打开地图文档"练习数据 \ ex6_1 \ 制图.mxd",以下的符号化操作都是在此地图文档下进行的。

1. 单一符号

单一符号化是采用大小、颜色、形状都一致的符号来可视化表达要素。制图单一符号的设置:在内容列表中鼠标右键单击要素图层"学校",在弹出的菜单中选择"属性"选项,弹出图层属性对话框,切换到符号系统选项卡,在显示列表栏中选择"要素"→"单"→"符号"。单击符号色块,在弹出的符号选择器对话框中选择合适的符号,如图6.2.1所示。当设置学校符号为旗子时,忽略了学校在数量、大小等方面的差异,只能反映学校的地理位置,如图6.2.2所示。

图 6.2.1　ArcGIS 软件单一符号设置

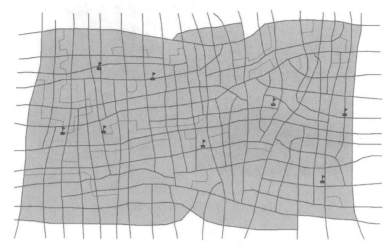

图 6.2.2 学校的单一符号效果图

2. 分类符号

在 ArcGIS 中，在内容列表中鼠标右键单击要素图层"土地利用"，在弹出的菜单中选择"属性"选项，弹出图层属性对话框，切换到"符号系统"选项卡，在显示列表栏中选择点击"类别"，选择唯一值分类，使用值字段"LANDUSE"进行分类。如图 6.2.3 所示，在分类后，"土地利用"数据属性值相同的采用相同的颜色，属性值不同的则采用不同的颜色；利用不同的颜色不仅能反映空间位置，还能反映土地利用类型的差异，如图 6.2.4 所示。

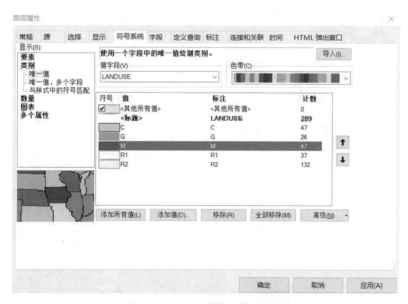

图 6.2.3 唯一值分类符号设置

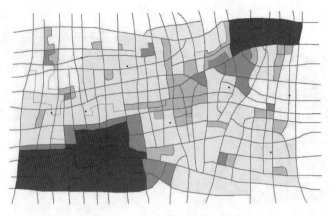

图 6.2.4 唯一值分类符号效果

3. 分级色彩

分级色彩是将要素属性值按照一定的分级方法分成若干级别之后，使用不同的颜色表示不同的级别。在 ArcGIS 中，内容列表双击"townshp"图层，弹出对话框"符号系统"选项卡中，在显示列表栏中选择"数量--分级色彩"，值字段设置为"GDP"，在色带下拉框中选择一种色带，还可以通过点击分类按钮，在弹出的分类对话框中根据需要进行分级设置，如图 6.2.5 所示，GDP 值分为 3 级，采用"手动"分类，中断值为 2000、4000、7500。分级表达后，从图上就能快速得到这个区域 GDP 高低水平，可以明确反映区域经济发展的差异，如图 6.2.6 所示。

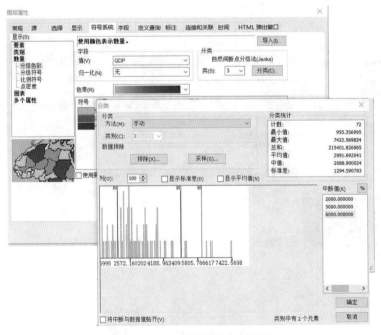

图 6.2.5 GDP 字段分级色彩设置

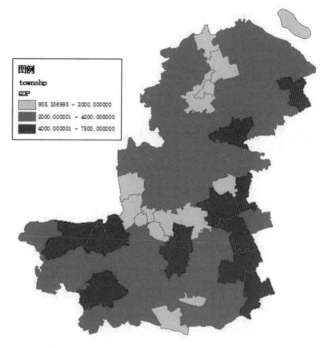

图 6.2.6 分级结果

4. 分级符号

分级符号是采用不同的符号来表示不同级别的要素属性值，它与分级色彩操作类似。在 ArcGIS 中，内容列表双击"townshp"图层，在图层属性的"符号系统"选项卡，显示列表栏中单击"选择"→"分级符号"，设置红色圆形符号表示人口字段"Popu"的数量级别，分为3级，手动分类，中断值分别设置 10000，30000，65000，如图 6.2.7 所示。符号化设置之后，地图中圆形符号代表人口的总量，圆形符号越大代表人口数值分类后级别越高，如图 6.2.8 所示。这种表示方法可以直观地表达制图要素的数值差异，一般用于点状要素。

5. 比例符号

比例符号是按照一定的比例关系来确定与制图要素属性值对应的符号大小，每一个属性值对应一个符号大小，是一一对应的关系，比分级表达更为细致。在 ArcGIS 中，内容列表双击"townshp"图层，在图层属性的"符号系统"选项，显示列表栏中选择"数量"→"比例符号"，要想要用符号表达人均 GDP，则设置字段值为"GDP"，归一化为"Popu"，符号数量为3，设置如图 6.2.9 所示。用比例符号表达方法之后，地图上不仅能反映地区人均 GDP 不同级别的差异，也能反映同级别之间微小的差异，如图 6.2.10 所示。

第6章 空间数据库的应用

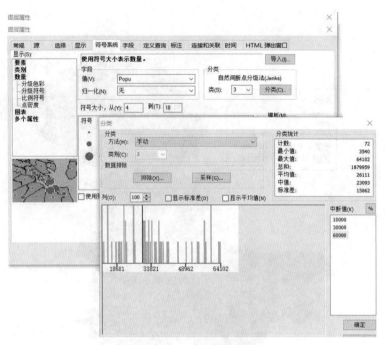

图 6.2.7 分级符号设置

图 6.2.8 分级符号效果

6. 点值符号

点值符号表示法是使用一定大小的点状符号来表示一定数量的制图要素,表现一个区域范围内的密度数值。在 ArcGIS 的内容列表中双击"townshp"图层,在图层属性的"符号系统"

6.2 空间数据可视化表达

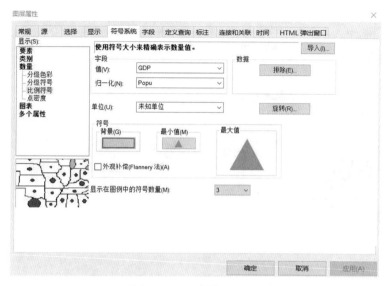

图 6.2.9 比例符号设置

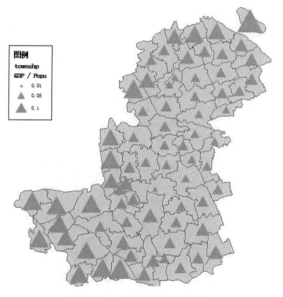

图 6.2.10 比例符号效果

选项的显示列表栏中选择"数量"→"点密度",想要用符号表达总 GDP,选择"GDP"字段,符号为红色圆点,点大小为 4,点值设置为 400,设置如图 6.2.11 所示。点密度符号表达之后,GDP 数值越大的区域点较多,数值越小,则点较少,如图 6.2.12 所示。

7. 统计符号

统计符号是主题地图中经常采用的方法,用来表示制图要素的多项属性。常用的统计图表有:饼图——用于表示要素的整体属性与各组成部分之间的比例关系;条形图、柱状

第 6 章 空间数据库的应用

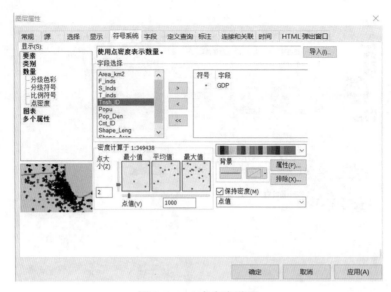

图 6.2.11　点密度设置

图 6.2.12　点密度效果

图——用于表示要素的多项要素或者其变化趋势；堆叠图——用于表示要素不同类别的数量。在 ArcGIS 的内容列表双击"townshp"图层，在图层属性的"符号系统"选项的显示列表栏中选择"图表"，若想要用柱状图表达总人口，选择"Pupo"总人口字段，设置如图 6.2.13 所示。符号表达后，如图 6.2.14 所示，柱子的长短代表人口的多少，可以看出这个制图区域东部人口多，西部人口少的分布趋势。

图 6.2.13　柱状统计符号

图 6.2.14　柱状统计符号表示效果

6.2.2　专题地图编制

将空间数据处理和分析结果以符号化表达后，输出为某一介质的成果，用来表达一个专题内容，称为专题地图。专题地图编制是一个非常复杂的过程，其中地图数据的符号化与注记标注，都是为专题地图的编制来准备地理数据的。要将准备好的专题地图数据，通过一幅完整的地图表达出来，满足生产、生活中的实际需要，这个过程中涵盖了很多内容，包括版面纸张的设置，制图范围的定义，制图比例尺的确定，图名、图例、坐标网的设计，等等。下面以 ArcGIS 软件为例，介绍专题地图编制的操作过程。

1. 版面设计

1）地图模板操作

ArcMap 系统不仅为用户编制地图提供丰富的功能和途径，还可以将常用的地图输出样式制作成现成的地图模板，方便用户直接调用，从而减少了很多复杂的程序。

在 ArcMap 窗口主菜单栏中，单击"文件"→"新建"打开地图模板对话框。在此可以建立一个新的地图模板，也可以在已有的模板资源中，根据需要选择一个合适的地图模板。如果用户希望自己制作的地图模板能够像系统给定的模板文件一样出现在 New 对话框中，只需要在系统默认的模板文件夹路径，例如在"D：\ ESRI \ arcgis \ Bin \ Templates"目录下新建一个文件夹"mymap"，将设置的模板文件保存在新建文件夹里就可以了。

2）图面设置

ArcMap 视窗由数据视图与版面视图两部分组成，在正式输出地图前，应先输入版面视图并根据地图使用情况、比例尺、打印机类型等对版面大小进行设定。在编制图时有重要的一环，如果不加以设定，该系统将应用其默认纸张大小和打印机。在"视图"菜单下，点击"布局视图"，再点击"文件"→"页面和打印设置"，打开图面设置的对话框，如图 6.2.15 所示。

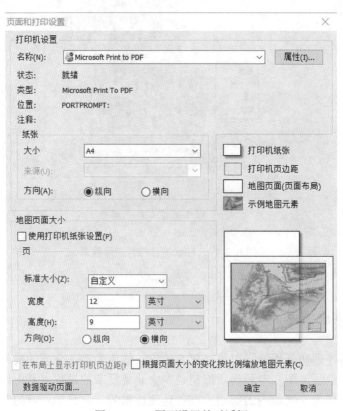

图 6.2.15　图面设置的对话框

3）图框和底色设置

ArcMap 的输出地图可以由一个或者多个数据组构成，各个数据组可以设置自己的图框和底色。在需要设置图框的数据组上单击鼠标右键，打开"属性"选项，打开数据框属性对话框，如图 6.2.16 所示，切换到框架选项卡。在这里可以调整图框的类型和设置背景底色，还能选择所需要的阴影颜色。

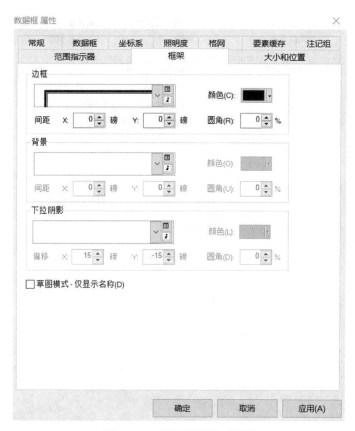

图 6.2.16　图面设置的对话框

2. 制图数据操作

一幅 ArcMap 地图通常包括若干个数据组，如果用户需要复制数据组或者调整数据组的尺寸，生成数据组定位图，就需要在版面视图直接操作制图数据。

1）复制地图数据组

在 ArcMap 窗口版面视图单击需要复制的原有制图数据组，单击鼠标右键，打开制图要素操作快捷菜单，将制图数据组复制粘贴到制图数据组以外的图面上。

2）设置总图数据组

从输出的地图上已有的两个数据组出发，以其中一个数据组为总图数据解释另外一个数据组之间的空间位置关系，这对实际工作是很有意义。在一张地图含有多个数据组的情况下，一张总图可与多个样图相对应，在调整样图范围后，定位框图在总图上位置和尺寸也会随之同步调整。

在 ArcMap 窗口版面视图中单击鼠标右键，打开数据组"属性"对话框，进入范围指示器选项卡，如图 6.2.17 所示，进行相应设置，完成了设置之后，如果调整样图，可以在总图中浏览其整体效果。

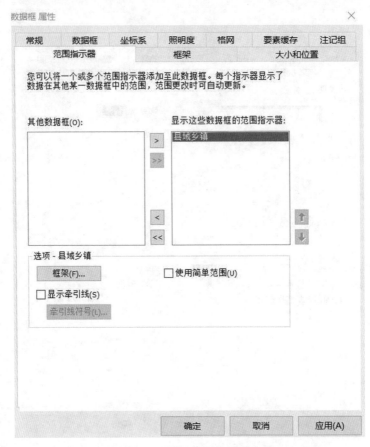

图 6.2.17 设置总图数据组选项

3）绘制坐标格网

地图上坐标格网是地图的数学基础和骨架，它体现了地图坐标系统和地图投影信息息。不同制图区域尺寸，有不同的坐标格网类型：小比例尺大面积图一般采用经纬线格网；中等比例尺中型图一般采用公里网；较大比例尺小型图一般采用公里格网或索引参考格网。

在 ArcMap 中格网的设置，在需要放置格网的数据组上单击鼠标右键，打开数据框对话框，单击格网选项卡，点击"新建格网"按钮，则跳出创建格网向导，可以根据需求进行设置，如图 6.2.18 所示。

3. 地图标注

地图上说明图面要素的名称、质量与数量特征的文字或数字，统称为地图注记。地图

图 6.2.18　格网设置向导

上的注记分为名称注记、说明注记和数字注记三种。在 ArcGIS 软件中，大多数情况下，使用的是自动式标注方法。

在 ArcMap 中，在需要放置注记的数据层上单击鼠标右键，打开"属性"对话框，进入"标注"选项卡，可以选择标注的字段和字体设置，如图 6.2.19 所示。

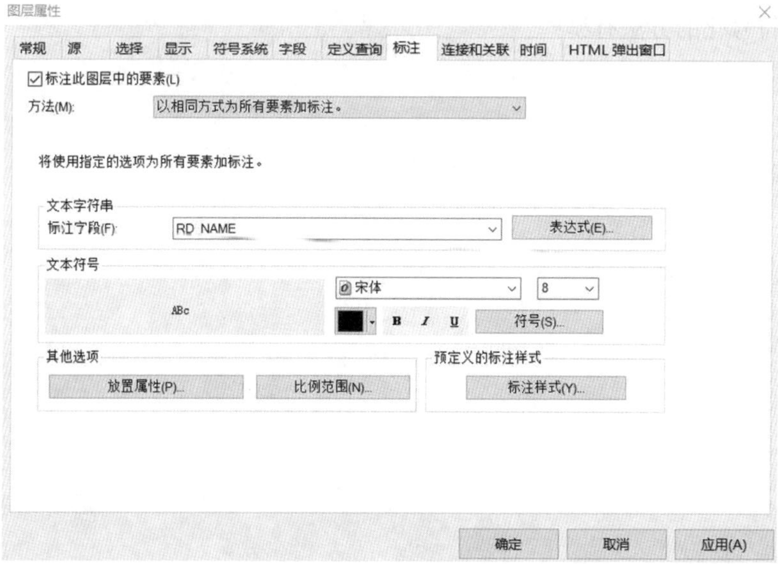

图 6.2.19　标注设置

4. 地图整饰

地图整饰是地图表现形式、表示方法及地图图型等方面的统称。地图整饰的目的是根据地图的性质、用途等因素，适当地选择表示方法、表现形式，妥善处理好图中各表示方法之间的内在联系，使地图主题、制图对象等特征得到充分地表达，使地图形式与内容相统一；在地图感受论的基础上，充分运用艺术法则，确保地图清晰易读、层次丰富、美观大方，使地图科学性和艺术性相结合；既满足地图制版印刷的要求，又能满足技术条件的需要，以利于降低生产成本。

在地图生产过程中，它是一个很重要的环节。整饰内容涉及地理数据有关图名、图例、比例尺、指北针、统计图表及其他系列辅助要素。在 ArcMap 中，地图整饰涉及的功能在"插入"菜单下。

5. 地图输出

所编绘的地图一般以两种形式输出：一种是借助于打印机或者绘图机进行硬拷贝，另一种是将其转换为通用格式栅格图形，便于各种系统使用。对硬拷贝的打印输出来说，其关键在于选择设定编制地图所对应的打印机或者绘图机，对格式转换后输出数字地图来说，其关键在于设定满足需求的栅格采样分辨率。在 ArcMap 中，在"文件"菜单下，通过打印功能可以进入打印设置。

◎ **课后习题六**

1. 举例说说你所了解的空间数据库在某些行业的应用。
2. 简述矢量数据的两种查询方式。
3. 空间数据统计主要包括哪些内容？
4. 通常符号化的方法有哪些？

参 考 文 献

［1］［美］Kang-tsung Chang. 地理信息系统导论［M］. 陈健飞、胡嘉聪、陈颖彪，等，译. 北京：科学出版社，2019.
［2］［美］Maribeth Price. ArcGIS 地理信息系统教程［M］. 李玉龙，等，译. 北京：电子工业出版社，2017.
［3］武汉测绘研究会. 基础地理实体数据组织与建库［M］. 武汉：武汉大学出版社，2022.
［4］郑晓娟，赵素霞. 空间数据质量综合评价方法的探讨［J］. 地理空间信息，2006，（12）：46-49.
［5］杨丽坤，聂久添. 空间数据质量评价及实现技术［J］. 北京测绘，2012，（6）：76-77.